全国技工院校机械类专业通用（高级技能层级）

机械制造工艺学（第二版）习题册

闫纂文　主编

中国劳动社会保障出版社

简　介

本习题册是全国技工院校机械类专业通用教材（高级技能层级）《机械制造工艺学（第二版）》的配套用书。习题册紧扣教学要求，按照教材章节顺序编排，知识点分布均衡，题型多样，难易配置适当，有助于学生复习巩固所学知识。

本习题册由闫纂文任主编，王圣伟任副主编，庄东雷、马骏、刘学军、张任、咸辰同参加编写。

图书在版编目(CIP)数据

机械制造工艺学（第二版）习题册/闫纂文主编. -- 北京：中国劳动社会保障出版社，2019

全国技工院校机械类专业通用：高级技能层级

ISBN 978－7－5167－4148－1

Ⅰ.①机…　Ⅱ.①闫…　Ⅲ.①机械制造工艺-中等专业学校-习题集　Ⅳ.①TH16－44

中国版本图书馆 CIP 数据核字(2019)第 174404 号

中国劳动社会保障出版社出版发行

（北京市惠新东街 1 号　邮政编码：100029）

*

三河市潮河印业有限公司印刷装订　　新华书店经销

787 毫米×1092 毫米　16 开本　6 印张　142 千字

2019 年 11 月第 1 版　　2025 年 5 月第 6 次印刷

定价：11.50 元

营销中心电话：400-606-6496

出版社网址：http://www.class.com.cn

http://jg.class.com.cn

目　录

第一章　机械加工精度与表面质量

第一节　机械加工精度

一、填空题（将正确答案填写在横线上）

1．机械加工精度是指加工后零件的实际几何参数（尺寸、形状和表面的相互位置）与理想几何参数的______程度。

2．机械零件的加工质量一般用__________和__________两个指标来评定。

3．机械加工精度包括__________、__________和__________三个方面。

4．实际几何参数通常指零件加工后通过______得到的几何参数。

5．某传动轴两处轴颈设计尺寸分别为$\phi40_{\ 0}^{+0.016}$ mm、ϕ（60 ±0.05）mm，它们的理想尺寸分别为__________和__________。

6．某一轴颈设计尺寸为$\phi18_{\ 0}^{+0.018}$ mm，现已加工四个零件，经测量得到实际尺寸分别为ϕ18.010 mm、ϕ18.018 mm、ϕ18.001 mm、ϕ18.05 mm，其中尺寸__________加工精度最高，而尺寸__________加工精度最低。

7．由机床、夹具、刀具和工件组成的系统称为__________。

8．若原始误差在加工前已经存在，即在非工作状态下检验出来的原始误差称为工艺系统______误差，若原始误差是在工作状态下产生的，称为工艺系统______误差。

9．在细长轴加工中，造成腰鼓形圆柱度误差的主要原因是细长轴本身的刚度小，在径向力作用下将工件顶弯，产生__________现象。

10．在车床上加工轴端面时，如果主轴存在纯轴向窜动，将会造成端面与轴的回转中心线之间产生________误差。

11．在龙门刨床上加工平面时，如果导轨在铅垂面内存在直线度误差，将在加工过程中产生________误差。

12．在车床上加工轴类零件时，如果尾座顶尖中心线与主轴回转轴线不在同一直线上，将会产生____________误差。

二、选择题（将正确答案的序号填写在括号内）

1．工艺系统受热变形引起的误差属于（　　）。

A．工艺系统动态误差　　B．工艺系统静态误差

C．加工原理误差　　D．测量误差

2．利用平面磨床磨削零件水平面时，（　　）方向为误差敏感方向。

A．纵向进给　　B．横向进给

C．铅垂　　D．主运动

3．（　　）不属于加工精度的内容。

A．尺寸精度　　B．形状精度

C. 位置精度　　D. 表面粗糙度

4. (　　) 属于加工前存在的原始误差。

A. 测量误差　　B. 刀具磨损引起的误差

C. 加工原理误差　　D. 热变形误差

5. 某孔设计尺寸为 $\phi 85^{+0.022}_{0}$ mm，其理想尺寸为 (　　) mm。

A. ϕ85　　B. ϕ85.022

C. ϕ85.011　　D. ϕ84.978

6. 调整法适用于 (　　) 生产。

A. 单件　　B. 小批量

C. 大批量　　D. 各种批量

三、判断题（正确的在括号内打√，错误的在括号内打×）

1. 实际几何参数通常指零件表面实际存在的几何参数。(　　)

2. 在设计机器零件时，通常应将尺寸精度要求控制在形状公差之内。(　　)

3. 理想几何参数是指当公差值趋于零时的几何参数。(　　)

4. 所谓原始误差通常是指存在于工艺系统的原始状态的误差，该误差仅存在于系统工作之前。(　　)

5. 在相同的原始误差作用下，产生误差最大的方向称为误差敏感方向。(　　)

6. 工艺系统受力变形引起的误差属于工艺系统动态误差。(　　)

7. 加工细长轴时，造成腰鼓形圆柱度误差的主要原因是机床误差。(　　)

8. 在铣床上铣削零件水平面，如果导轨在铅垂面内存在直线度误差，将会造成零件的平面度误差。(　　)

9. 成形法所能达到的形状精度主要取决于成型刀具切削刃的形状精度及刀具的安装精度。(　　)

10. 机床主轴回转误差属于加工过程中的误差。(　　)

四、名词解释

1. 工艺系统

2. 加工误差

3. 定尺寸刀具法

五、简答题

1. 什么是加工精度？加工精度包括哪几方面内容？获得机械加工精度的方法有哪些？

2. 在零件设计中，处理尺寸精度、形状精度和位置精度关系的基本原则是什么？

3. 在车床上用两顶尖装夹车削细长轴时，出现如图 1—1 所示的两种误差的原因是什么？分别应采用什么办法来减小或消除？

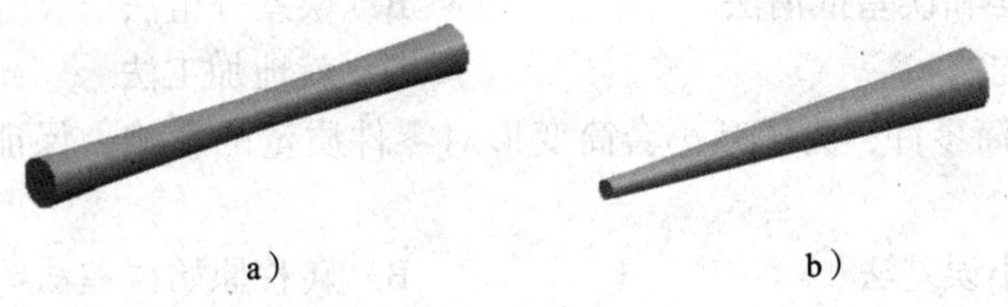

图 1—1　车削细长轴时产生的误差

第二节　提高加工精度的工艺措施

一、填空题（将正确答案填写在横线上）

1．提高加工精度的常用方法有________________、________________和________________、____________、____________、____________。

2．在加工细长轴零件时，可选择________________保证加工精度。

3．人为地制造一个大小相等、方向相反的新误差，去补偿加工、装配或使用过程中出现的误差的加工方法称为____________。

4．采用浮动连接的镗模镗孔是一种应用______________法保证加工精度的典型范例。

5．误差抵消法是指利用原有的一种原始误差去______________抵消另一种原始误差的加工方法。

6．通过采用跟刀架来消除径向力对加工精度的影响，提高零件的加工精度，这种方法属于________________。

二、选择题（将正确答案的序号填写在括号内）

1．如果车床三爪自定心卡盘的三个活动爪工作表面的回转中心与主轴的回转中心不同心，存在较大的误差，可采用（　　）进行修复。

A．误差补偿和误差抵消法　　B．误差分组法

C．误差平均法　　D．就地加工法

2．将两个零件的平面紧密接触并产生相对运动，使零件的两个平面得以相互修正，逐步提高加工精度，这种方法称为（　　）。

A．误差补偿和误差抵消法　　B．误差分组法

C．误差平均法　　D．就地加工法

3．加工薄壁套筒零件，为了减小套筒变形对零件质量的影响，保证加工精度，可选择（　　）。

A．直接减小误差法　　B．转移原始误差法

C．误差补偿法　　D．误差抵消法

4．为了保证车床床身导轨的工作精度，应在床身导轨精加工（　　）加上相同的负载，然后再进行加工。

A．前　　B．后　　C．过程中　　D．无须

5．转移原始误差法是指创造一定条件，把工艺系统的原始误差转移到误差的（　　）方向或其他不影响加工精度的方向上的加工方法。

A．敏感　　B．非敏感　　C．垂直　　D．水平

6. 在零件变形的敏感方向存在（　　）原始误差时才能选用误差抵消法保证加工精度。

A. 两个方向相反的　　B. 两个方向相同的

C. 一个　　D. 多个

三、判断题（正确的在括号内打√，错误的在括号内打×）

1. 利用平面磨床磨削零件平面时，加工产生的热量是造成零件变形的主要原因，通常采用大量切削液进行冷却，这种保证加工精度的方法其实就是直接减小误差法。（　　）

2. 误差补偿法是一种在零件加工后人为地制造一个误差去补偿加工前出现的误差的加工方法。（　　）

3. 两个不同的零件在同一个地方加工的方法称为就地加工法。（　　）

4. 转移原始误差法的实质就是设法将工艺系统的原始误差转移到误差的非敏感方向上。（　　）

5. 利用牛头刨床本身加工其工作台表面的方法为就地加工法。（　　）

四、名词解释

1. 误差补偿法

2. 转移原始误差法

五、简答题

车削细长轴时为消除或减小原始误差，可采取哪些措施？

第三节　机械加工表面质量

一、填空题（将正确答案填写在横线上）

1. 零件的表面质量包括零件________________和____________________两方面内容。

2. 零件加工后表面层物理性能、力学性能的变化主要是指____________________、

____________________和________________三个方面。

3. 采用车刀加工轴类零件时，表面粗糙度值与主偏角、副偏角成______比。

4. 当前角一定时，后角______________，刀具切削刃圆弧半径越小，切削刃越锋利。

5. 切削液主要有______、______和______三个方面的作用。

6. 采用纵磨法加工轴类零件时，在加工过程中由于砂轮具有______作用，因此，可以获得较小的表面粗糙度值。

7. 磨削加工中影响表面粗糙度的因素有__________、__________和__________等。

8. 表面冷作硬化程度取决于导致塑性变形的________、__________以及变形时的温度。

9. 当表面层金属体积膨胀变大时压制基体金属，产生_____________；当表面层金属体积收缩时受到基体金属的牵制，则产生________。

10. 磨削加工中，__________变形和相变起主导作用，产生残余拉应力。

二、选择题（将正确答案的序号填写在括号内）

1. 不同的砂轮材料具有不同的硬度，在选择砂轮材料时应根据工件表面的（　　）进行选择。

A. 硬度　　B. 强度　　C. 塑性　　D. 韧性

2. 为了获得较小的表面粗糙度值，在磨削加工零件外圆表面时应使用（　　）进行加工。

A. 纵磨法　　B. 横磨法　　C. 深度磨削法　　D. 阶梯磨削法

3. 零件表层材料在加工过程中导致冷作硬化的主要因素是（　　）。

A. 切削热　　B. 切削力

C. 表层材料的工艺性能　　D. 表层材料的硬度

4. 精加工时切削用量的选择应采用（　　）的背吃刀量和进给量，在保证刀具磨损极限的前提下，尽可能采用大的切削速度。

A. 较小　　B. 较大　　C. 很大　　D. 很小

5. 冷态塑性变形会产生残余（　　）。

A. 拉应力　　B. 压应力　　C. 裂纹　　D. 不确定

三、判断题（正确的在括号内打√，错误的在括号内打×）

1. 采用刀具加工零件，进给量越大，其表面粗糙度值越小。（　　）

2. 磨削硬材料应选择使用硬砂轮，磨削软材料应选择使用软砂轮。（　　）

3. 零件的表面质量包括表面粗糙度和表面层物理性能、力学性能变化两方面内容。（　　）

4. 选择砂轮磨料粒度的依据是零件的表面粗糙度值。（　　）

5. 前角对切削过程的塑性变形影响很大。（　　）

四、简答题

1. 零件表面质量包含哪些内容？如何控制切削加工的表面粗糙度？

2. 磨削加工时，表面粗糙度如何控制？

3. 影响加工表面层物理、力学性能的因素有哪些？

第二章　铸造、锻造、焊接加工的基本工艺

第一节　铸 造 加 工

一、填空题（将正确答案填写在横线上）

1．将熔融金属浇注到__________中，待其凝固后得到具有一定形状、______和______的零件毛坯的方法称为______，通过该方法所得到的工件或毛坯称为______。

2．根据生产方式不同，铸造可分为__________和__________两大类，生产中应用最广泛的是__________。

3．砂型铸造可分为______铸造和__________铸造两种。

4．特种铸造包括__________、__________、__________和__________四种。

5．离心铸造适用于钢、铸铁、有色金属等小批量到大批量的__________铸件、__________、轴瓦及双金属衬套的铸造。

6．铸造的适用范围广，常用于________、________的零件及不同厚度、复杂外形、复杂内腔的零件的________，如箱体、机架、床身、气缸体等。

二、选择题（将正确答案的序号填写在括号内）

1．现有一零件，指定选用 HT200 材料制造，应选用（　　）方法加工毛坯。

A．锻造　　B．铸造　　C．拉拔　　D．焊接

2．对于各种管状零件，可考虑选择（　　）来生产毛坯。

A．金属型铸造　　B．离心铸造

C．压力铸造　　D．熔模铸造

三、判断题（正确的在括号内打√，错误的在括号内打 ×）

1．熔模铸造主要用于成批、形状复杂、高熔点以及难加工的合金精密小型铸件的生产。（　　）

2．离心铸造一般多采用金属造型。（　　）

3．砂型铸造适用于铁碳合金材料。（　　）

四、名词解释

1．浇注

2．造型

五、简答题

1. 砂型铸造的主要工序有哪些？

2. 砂型铸造的应用范围是什么？

3. 图 2—1 所示的铸造方法叫什么？属于什么铸造？其适用范围是什么？

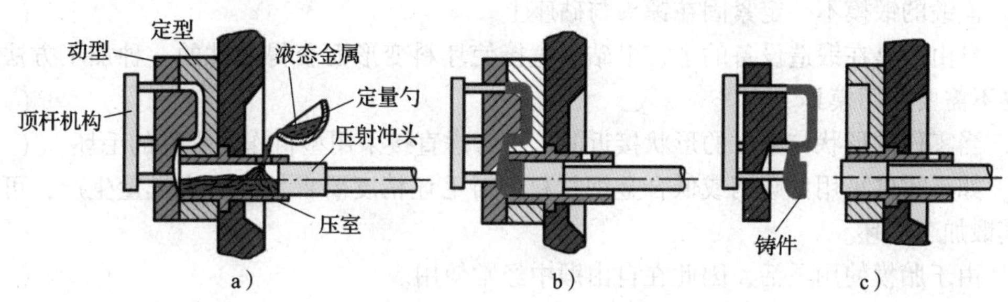

图 2—1　铸造

a）合型并注入液态金属　b）压射　c）开型并顶出铸件

第二节　锻 造 加 工

一、填空题（将正确答案填写在横线上）

1. 常用的金属型材、板材、管材、线材等大多是通过______、______、______等方法生产的。

2. 胎模锻既具有自由锻简单、灵活的特点，又兼有模锻能制造__________、尺寸______锻件的优点。

3. 自由锻主要适用于单件、______生产和______、特大型锻件的生产。

4. 锻件加工方法分为________、________和________。

5. 胎模锻适用于______生产中用自由锻成形困难、用模锻又不经济的______锻件的生产。

二、选择题（将正确答案的序号填写在括号内）

1. 管材零件一般采用（　　）作毛坯。

A. 锻件　　B. 铸件　　C. 挤压件　　D. 焊件

2. 机床的主轴、齿轮等零件一般采用（　　）作毛坯。

A. 锻件　　B. 铸件　　C. 型材　　D. 焊件

3. 在下列金属材料中，可锻造的金属材料有（　　）。

A. 低碳钢　　B. 铸铁　　C. 青铜　　D. 合金钢

4. 在下列生产毛坯的方法中，不需要使用模具的是（　　）。

A. 自由锻　　B. 胎模锻　　C. 模锻　　D. 以上均是

5. 用于加工毛坯的设备是（　　）。

A. 车床　　B. 铣床

C. 空气锤　　D. 电火花成形机床

三、判断题（正确的在括号内打√，错误的在括号内打×）

1. 模锻的锻模不一定紧固在锤头与砧座上。（　　）

2. 自由锻是在锻造设备的上、下砧间直接使坯料变形而获得锻件的一种加工方法，自始至终不需要使用模具。（　　）

3. 当零件的形状与型材的形状接近时，可考虑直接采用型材作为零件的毛坯。（　　）

4. 如果零件采用低碳钢或低合金钢材料，对毛坯精度要求较高，大批量生产，可考虑采用模锻加工毛坯。（　　）

5. 由于胎模使用灵活，因此在自由锻中经常使用。（　　）

四、名词解释

1. 锻造

2. 压力加工

3. 自由锻

五、简答题

1. 试述自由锻的工艺过程。

2. 什么叫模锻？有哪些常用设备？模锻的适用范围是什么？

第三节 焊 接 加 工

一、填空题（将正确答案填写在横线上）

1. 焊接是通过________或________，或两者并用，用或不用________，使焊件连接的一种加工工艺方法。

2. 按照焊接过程中金属所处的状态不同，可以把焊接方法分为________、________、和________三类。

3. 熔焊是在焊接过程中，将焊件接头加热至________，不加________完成焊接的方法。

4. 与铸造、锻造相比，焊接生产________，________。

5. ____________是用手工操纵焊条进行焊接的电弧焊方法，是熔焊中最基本的一种焊接方法，也是目前焊接生产中使用最广泛的焊接方法。

6. 焊条由__________和__________组成。焊条的直径是指__________的直径。

7. 按焊缝在空间位置分类，有__________、__________、__________及__________四种形式。

8. 电焊机按结构和原理不同分为__________，__________，__________三类。

9. 气焊可用于各种位置的焊接，适用于焊接厚度在 3 mm 以下的______、________、薄板、铸铁焊补以及铜、铝等有色金属的焊接。

10. 气割包括______、______和______三个过程。

11. 与焊条电弧焊比较，自动埋弧焊具有____________、__________________和______________三个显著特点。

12. 钎焊适用于__________、复杂结构件及______金属、难熔金属甚至金属与非金属材料的连接。

13. 埋弧焊是利用______和______之间燃烧的电弧所产生的热量来熔化焊丝、焊剂和焊件而形成______的电弧焊方法。

14. 二氧化碳气体保护焊工艺具有____________、__________、__________、低氢型焊接方法焊缝质量好等优点。

15. 与一般机械切割相比较，气割的最大优点是设备简单、__________、方便，________。

二、选择题（将正确答案的序号填写在括号内）

1. 焊接过程中将焊件接头加热至熔化状态，不施加压力完成焊接的方法是（　　）。

A. 熔焊　　B. 压焊　　C. 钎焊

2. 焊接过程中母材金属处于熔化状态形成熔池的焊接方法是（　　）。

A. 焊条电弧焊　　B. 电阻焊　　C. 钎焊　　D. 氩弧焊

3. 焊条直径的选择主要取决于（　　）。

A. 焊接电流的大小　　B. 焊件的厚度

C. 接头型式和焊接位置　　D. 焊件的材质

4. 与电弧焊相比，气焊的特点是（　　）。

A. 不需填充金属　　B. 不需要电源

C. 不适宜焊接铸件　　D. 易于焊接薄形焊件

5. 气焊主要用于焊接厚度在（　　）以下的薄钢板。

A. 3 mm　　B. 4 mm　　C. 5 mm

三、判断题（正确的在括号内打√，错误的在括号内打×）

1. 压焊是焊接过程中必须对焊件施加压力和加热的焊接方法。（　　）

2. 钎焊时，母材不熔化，只有焊条熔化。（　　）

3. 钎焊时的加热温度应高于钎料熔点，低于焊件母材的熔点。（　　）

4. 焊接方法按原理可分为熔焊、压焊和钎焊三大类。（　　）

5. 焊条直径一般按焊件厚度大小进行选取。（　　）

6. 平焊操作方便，焊缝成形条件好，容易获得优质焊缝并具有高的生产率，是最合适的位置。（　　）

7. 国家标准规定：氧气橡胶管为蓝色，乙炔橡胶管为红色。（　　）

8. 气割主要用于各种碳钢和低合金钢的切割。（　　）

9. 埋弧焊允许使用大的焊接电流，熔深大，焊速快，因而生产率高。（　　）

10. 世界每年钢材消耗量的30%都有焊接工序的参与。（　　）

11. 非金属材料不可以焊接。（　　）

12. 钎焊还能实现异种金属材料的连接，但不能进行金属与非金属材料的连接。（　　）

四、名词解释

1. 埋弧焊

2. 熔焊

3. 焊炬

五、简答题

1．简述焊条电弧焊的原理及过程。

2．简述气焊的原理、特点及应用。

3．电阻焊的特点是什么？

第三章　常用机械加工设备

第一节　常用金属切削机床

一、填空题（将正确答案填写在横线上）

1. ______________是制造机器的______。

2. 机床型号是机床的代号，用以表示机床的类别、____________、__________等。

3. 机床的类别代号包括类代号和分类代号。机床的__________用大写的汉语拼音字母表示，如车床用______表示，钻床用“Z”表示。

4. 机床的特性代号，包括________代号和________代号，用大写的汉语拼音字母表示，位于类别代号之后。

5. 车床常用的是卧式车床，主要用于___________的加工。

6. 外圆磨床是主要用于磨削_______和圆锥形外表面及____端面的磨床。

7. 平面磨床一般用于各类平面的精加工，平面磨床的加工精度可达________，表面粗糙度 Ra 值可达__________ μm，是理想的平面精加工设备。

8. 铣床分为卧式铣床和立式铣床。卧式铣床一般用于______的加工，立式铣床常用于加工各类______。

9. 钻床分为________、立式钻床和摇臂钻床，是钻孔、________、铰孔的基本设备，并能完成锪孔、锪端面和________的任务。

10. 摇臂钻床适合于__________零件或________零件的钻削。

11. 钻床分为________钻床、________钻床和________钻床，是_________、_________、_________的基本设备，并能完成_________、_________和_________的任务。

12. 铣床分为________铣床和________铣床，其中____铣床一般用于平面的加工，______铣床常用于加工各类沟槽。

二、选择题（将正确答案的序号填写在括号内）

1. 以下用于表示钻床的类别代号是（　　）。

A. C　　B. Z　　C. T　　D. M

2. 图 3—1 中不属于车削加工范围的是（　　）。

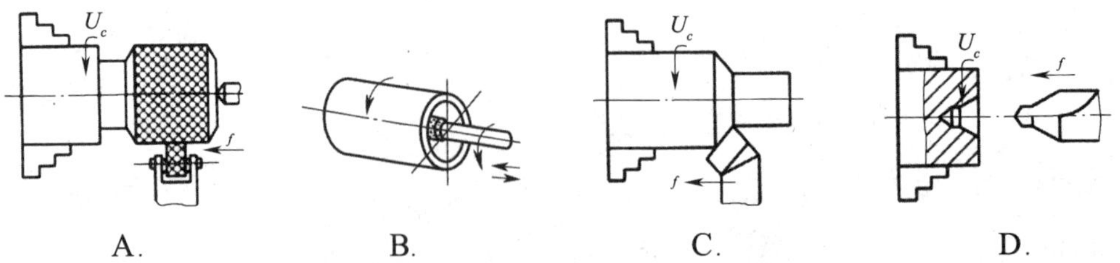

A.　　B.　　C.　　D.

图 3—1

3. 磨削外圆时进给运动不包括（　　）。

A. 工件的圆周进给运动　　B. 工作台的纵向进给运动

C. 砂轮架的横向进给运动　　D. 砂轮的回转运动

4. 台式钻床主要用于小型零件的孔加工，加工孔径为（　　）。

A. $D_{max} < 8$ mm　　B. $D_{max} < 13$ mm

C. $D_{max} < 18$ mm　　D. $D_{max} < 75$ mm

5. CA6140 型卧式车床型号中的“A”为（　　）。

A. 结构特性代号　　B. 通用特性代号

C. 组代号　　D. 系代号

6. （　　）适用于箱体零件的群孔加工。

A. 台式钻床　　B. 立式钻床

C. 摇臂钻床　　D. 立式铣床

三、判断题（正确的在括号内打√，错误的在括号内打×）

1. 机床按自动化程度可分为手动操作机床、半自动机床和自动机床。（　　）

2. 机床主参数表示机床规格大小并反映机床最大工作能力。（　　）

3. 第二主参数主要是指主轴数、最大跨距、最大工件长度、工作台工作面长度等。（　　）

4. 卧式铣床主轴锥孔直接或通过附件可安装各种端铣刀、立铣刀、键槽铣刀、成形铣刀等刀具，适于加工各种较复杂中小型零件的平面、键槽、螺旋槽、孔等。（　　）

5. 在磨床上磨削工件，广泛用于工件的精加工，尤其是淬硬钢件、高硬度特殊材料及非金属材料（如陶瓷）的精加工。（　　）

6. 加工外圆的设备有车床、外圆磨床和铣床。（　　）

四、名词解释

1. 金属切削机床

2. CK6140 型车床

五、简答题

1. 车削加工的主要内容有哪些？

2. 结合图 3—2 所示，试述内圆磨床的主要结构及功能。

图 3—2 内圆磨床

1—头架 2—床身 3—砂轮架 4—滑鞍 5—工作台

第二节 齿轮加工机床

一、填空题（将正确答案填写在横线上）

1. 滚齿机是齿轮加工的基本设备，可以加工______、______、______。

2. 插齿机可加工______、______、______、______、斜齿轮（配专用装置）。

3. 剃齿机适用于精加工未经淬火的齿轮，通常用于对预先经过滚齿或插齿的硬度不大于 48HRC 的______或______进行剃齿，加附件后还可加工内齿轮。

二、选择题（将正确答案的序号填写在括号内）

1. 卧式剃齿机有两种结构，其中一种刀具位于工件上面，机床结构紧凑，占地面积小，广泛应用于（ ）生产汽车、拖拉机和机床等行业的小型齿轮。

A. 中批量　　B. 成批大量

C. 小批量　　D. A 和 B

2. 剃齿精度可达（　　）。

A. IT9 ~ IT8　　　　B. IT7 ~ IT6

C. IT8 ~ IT7　　　　D. IT10 ~ IT9

三、判断题（正确的在括号内打√，错误的在括号内打×）

1. 采用插齿机插齿的齿形精度比滚齿高，但插齿机的运动精度较差。（　　）

2. 插齿机分立式和卧式两种，后者使用更普遍。（　　）

3. 一般滚齿机的加工精度为 IT9 ~ IT8。（　　）

四、简答题

简述立式滚齿机的工作原理。

第三节　数控机床

一、填空题（将正确答案填写在横线上）

1. 数控机床的种类较多，组成也各不相同，总体上讲，数控机床主要由__________、数控装置、__________、__________和机床主体等部分组成。

2. 数控机床的生产效率较普通机床的高________倍。尤其是某些复杂零件的加工，生产效率甚至可提高________。

3. 数控车床适宜于______________特别复杂或______________的回转体零件、精度要求高的回转体零件、带特殊螺纹的回转体零件。

4. 数控铣床可以加工______________或______________，如平面轮廓、斜面轮廓、曲面轮廓；还可以对孔类零件进行加工，如钻孔、扩孔、锪孔、铰孔、镗孔和攻螺纹等。

5. 机床主体是数控机床的本体，主要包括床身、主轴、进给机构等机械部件，还有冷却、润滑、转位部件，如__________、__________等辅助装置。

6. 数控机床能__________、__________、__________等，其大部分操作不需人工完成，可大大减轻操作者的劳动强度和紧张程度，改善劳动条件。

7. 车削中心能完成______、______以及______的车、铣、钻、镗的加工。

8. 数控电火花成形机床适用于____________的模具及__________的加工。

二、选择题（将正确答案的序号填写在括号内）

1.（　　）由驱动装置和执行部件组成，它是数控系统的执行机构。

A. 伺服系统　　　　B. 数控装置

C. 测量反馈装置　　　　D. 机床主体

2. 在图 3—3 所示的零件中，(　　) 是由数控铣床加工的。

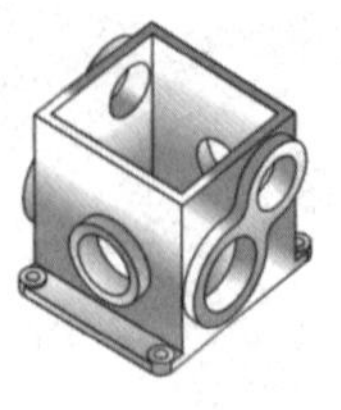

A.

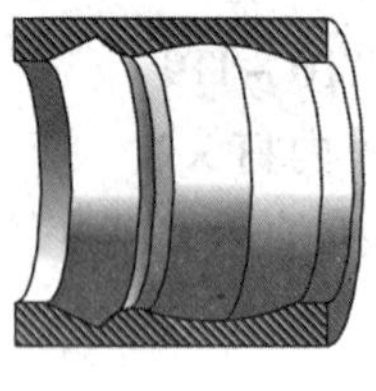

B.

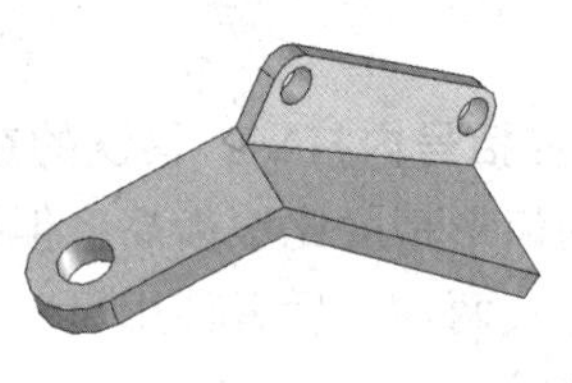

C.

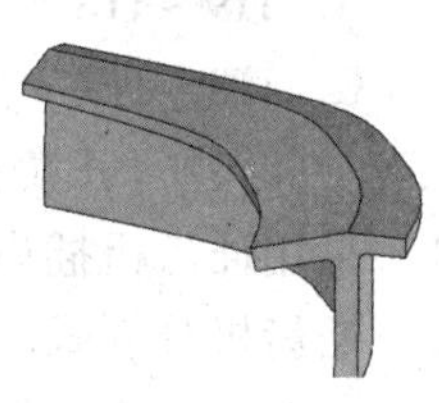

D.

图 3—3

3. 图 3—4 所示的零件最适合在（　　）上加工。

A. 车削中心　　　B. 数控车床

C. 加工中心　　　D. 电火花成形机床

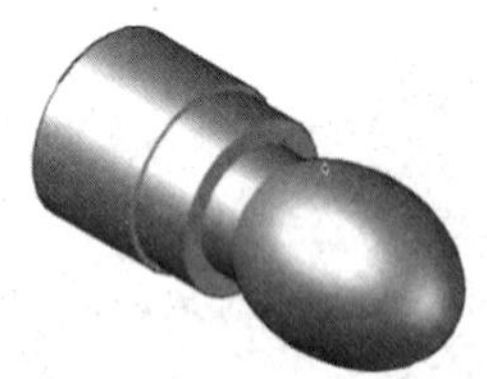

图 3—4

三、判断题（正确的在括号内打√，错误的在括号内打 ×）

1. 数控机床按照预定的程序自动加工，不受人为因素的影响，加工同批零件尺寸的一致性好，其加工精度由机床来保证。（　　）

2. 大多数数控磨床使用高速旋转的砂轮进行磨削加工，少数使用油石、砂带等其他磨具和游离磨料进行加工，如珩磨机、超精加工机床、砂带磨床、研磨机和抛光机等。（　　）

3. 加工中心适宜于加工复杂、工序多、精度要求较高、需用多种类型的刀具，且经多次装夹和调整才能完成加工的零件。（　　）

四、名词解释

1. 数控机床

2. 加工中心

五、简答题

数控机床的特点有哪些？

第四节　其 他 机 床

一、填空题（将正确答案填写在横线上）

1. 镗床分为________镗床和________镗床。

2. 镗床一般用于对________、________的平行度或垂直度要求较高的大、中型零件的孔系加工。

3. 坐标镗床是一种高精度机床，刚性和抗振性很好，还具有________、________等运动部件的精密坐标测量装置，能实现工件和刀具的__________。

4. 镗削主要用于__________、支架和机座等工件上的_________、________、孔内沟槽和端面。

5. 按加工表面不同，拉床可分为________和________。

6. 插床的______和______都较低，加工表面粗糙度值 *Ra* 为 6.3 ~ 1.6 μm，加工面的垂直度为 0.025/300 mm。

7. 刨床的加工精度可达 IT9 ~ IT8，表面粗糙度值 *Ra* 可达 6.3 ~ 1.6 μm，是平面的粗加工和__________的主要设备，主要用于______的平面加工。

8. 龙门刨床主要用于__________表面的加工。

9. 刨床分为________刨床和________刨床，其中________刨床主要用于中小零件的平面加工，________刨床主要用于大型零件表面的加工。

10. 加工内孔表面的设备一般有车床、铣床、__________、________、________等。

11. 常用加工平面的设备有______、______和____________三大类。

二、选择题（将正确答案的序号填写在括号内）

1. 普通镗床的加工精度可达（　　）。

A. IT7 ~ IT5　　B. IT8 ~ IT6　　C. IT8 ~ IT7　　D. IT7 ~ IT6

2. 下列不属于镗削加工范围的是（　　）。

A. 直径孔　　B. 方孔　　C. 螺纹　　D. 平面

3. 拉削能获得较高的尺寸精度和较小的表面粗糙度，适用于（　　）。

A. 成批大量生产　　B. 小批生产

C. 中等批量　　D. 单件

4. 牛头刨床主要用于（　　）的平面加工。

A. 单件　　B. 大批量　　C. 大型零件　　D. 中小零件

5. 图 3—5 所示的孔及零件适合在（　　）上加工。

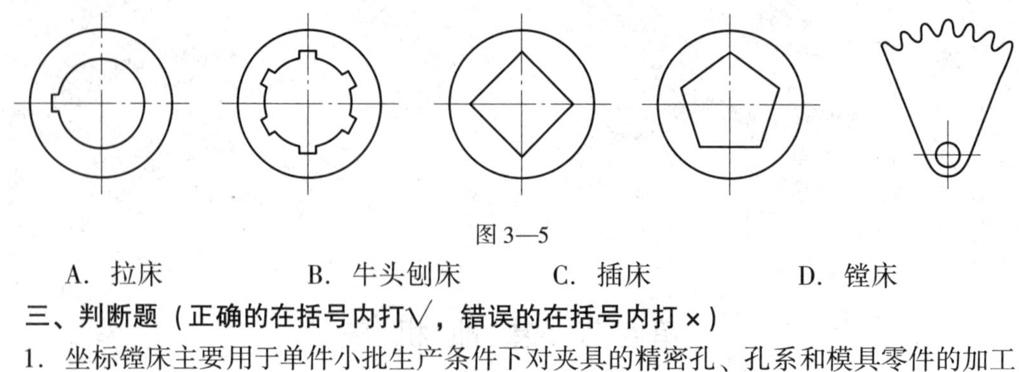

图 3—5

A. 拉床　　B. 牛头刨床　　C. 插床　　D. 镗床

三、判断题（正确的在括号内打√，错误的在括号内打×）

1. 坐标镗床主要用于单件小批生产条件下对夹具的精密孔、孔系和模具零件的加工。（　）

2. 插床的主参数是最大插削长度。（　）

3. 卧式内拉床占地面积较小，但拉刀行程受到限制。（　）

4. 龙门刨床的工作台带着工件通过门式框架作直线往复运动，空行程速度小于工作行程速度。（　）

5. 牛头刨床的主运动为刀架（滑枕）的直线往复运动。进给运动包括工作台的横向移动和刨刀的垂直或斜向移动。（　）

四、名词解释

1. 插床

2. 拉床

五、简答题

试述卧式镗床的特点及适用范围。

第四章　典型表面的机械加工方法

第一节　外圆表面的加工方法

一、填空题（将正确答案填写在横线上）

1. 外圆表面的技术要求有________、________、________和________四个方面。

2. 外圆表面一般可通过______和______等加工方法获得。

3. 轴类零件的位置精度主要有外圆表面之间的________、端面对________的垂直度等。

4. 通常，外圆表面的车削可分为______、________、______和精细车四个加工阶段。

5. 一般精车加工精度可达__________，表面粗糙度值 *Ra* 可达__________ μm。

6. 用砂轮以较高的________对工件表面进行加工的方法称为磨削，它既可加工__________表面，又可加工____________表面。

7. 外圆表面的磨削一般可分为______、______、__________和超精密磨削。

8. 精磨的加工精度可达__________，表面粗糙度值 *Ra* 可达__________ μm。

二、选择题（将正确答案的序号填写在括号内）

1. 车削是加工外圆最主要的方法之一，主要用来加工各种（　　）。

A. 成形表面　　B. 回转表面　　C. 螺纹表面　　D. 齿轮表面

2. 外圆表面的技术要求主要有（　　）。

A. 尺寸精度　　B. 形状精度、位置精度

C. 表面粗糙度　　D. 以上三项均是

3. 车削加工的尺寸精度和表面粗糙度一般可达（　　）。

A. IT7 ~ IT6、*Ra*0. 8 ~ 0. 4 μm

B. IT8 ~ IT7、*Ra*1. 6 ~ 0. 8 μm

C. IT6 ~ IT5、*Ra*0. 016 ~ 0. 01 μm

D. IT8 ~ IT6、*Ra*1. 25 ~ 0. 63 μm

4. 车削加工中不宜加工的材料为（　　）。

A. 钢料、铸铁　　B. 有色金属材料

C. 非金属材料　　D. 硬度在 30HRC 以上的淬火钢

5. 精细车加工精度可达 IT6 以上，表面粗糙度值 *Ra* 可达 0. 4 μm 左右，主要用于高精度、小型且不宜磨削的（　　）零件的外圆加工。

A. 钢件材料　　B. 非金属材料

C. 有色金属材料　　D. 淬火钢材料

6. 磨削加工的尺寸精度和表面粗糙度一般可达（　　）。

A. IT6 ~ IT5、Ra0.016 ~ 0.01 μm　　B. IT8 ~ IT7、Ra1.6 ~ 0.8 μm

C. IT7 ~ IT6、Ra0.8 ~ 0.4 μm　　D. IT8 ~ IT6、Ra1.25 ~ 0.63 μm

三、判断题（正确的在括号内打√，错误的在括号内打×）

1. 粗车加工时，常采用较大的背吃刀量、较大的进给量和高切削速度。（　）

2. 工件旋转作主运动，车刀作进给运动的切削加工方法称为车削。（　）

3. 车削是加工外圆的唯一方法。（　）

4. 在一次安装中完成内外圆、端面的车削加工，能具有较高的同轴度、外圆轴线与端面的垂直度。（　）

5. 通常外圆表面的车削可分为粗车、半精车、精车三个加工阶段。（　）

6. 磨削既可加工淬硬后的表面，又可加工未经淬火的表面。（　）

四、名词解释

1. 车削

2. 磨削

五、简答题

1. 车削加工有哪些特点？

2. 磨削加工有哪些特点？

3．简述精细车加工精度及适用场合。

4．试述外圆表面的高精度加工方案。

六、分析题

试分析图 4—1 所示的销轴外圆表面的加工方案。

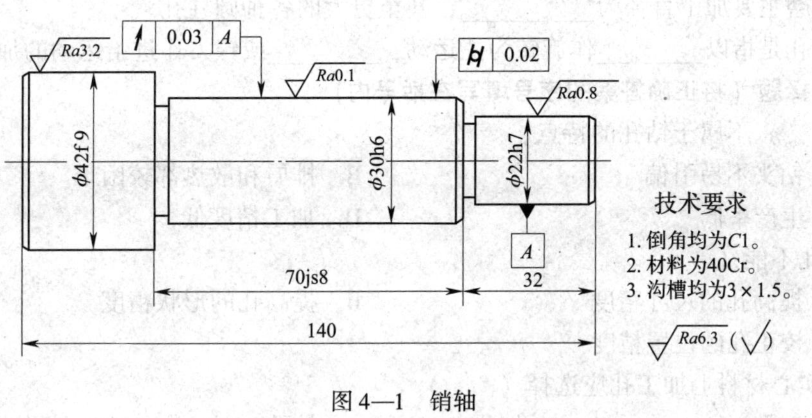

图 4—1　销轴

第二节　内圆表面的加工方法

一、填空题（将正确答案填写在横线上）

1．内圆表面的技术要求有__________、__________、__________和____________四个方面。

2．零件的内圆表面可采用______、______、______、______、______、______和________等方法加工。

3．钻孔可在____床或____床上完成。

4．钻削时，由于刀具________，钻头容易引偏，______和______都较困难，生产率低，加工精度低。

5．扩孔是采用________对已钻出、铸出、锻出、冲出的孔进行加工的方法。

6．镗孔是________孔常用的加工方法。

7．______、______和________是加工中、小直径孔的常用方法。

8．________是一种在工件已有的孔上进行扩大孔径的加工方法。

9．拉削加工一般用于________生产。

10．磨孔不仅能获得较高的__________和__________，而且还可以提高孔的__________和__________。

11．珩磨主要加工直径为__________，甚至更大的各种圆柱孔。

12．镗孔是指以________作旋转为主运动，________或镗刀作进给运动的加工方法。

二、选择题（将正确答案的序号填写在括号内）

1．（　　）不属于钻孔的特点。

A．钻头不易引偏　　B．排屑和散热都较困难

C．生产率低　　D．加工精度低

2．铰孔不能（　　）。

A．提高孔的尺寸精度　　B．提高孔的形状精度

C．校正孔的位置精度

3．在实心材料上加工孔应选择（　　）。

A．钻孔　　B．扩孔　　C．铰孔　　D．镗孔

4．小孔的精加工方法应选择（　　）。

A．车削　　B．磨削　　C．精镗　　D．铰削

5．拉孔适用于加工（　　）。

A．通孔　　B．盲孔　　C．台阶孔　　D．锥孔

三、判断题（正确的在括号内打√，错误的在括号内打×）

1．钻孔只可在钻床上完成。（　　）

2．铰孔一般作为未淬硬小孔的精加工方法。（　　）

3．磨孔属于孔的精加工，它的加工精度只能达 IT8。（　　）

4．磨孔不能提高孔的形状精度、位置精度。（　　）

5．磨孔适用于加工硬度较高，尤其是淬火后高硬度的孔。（　　）

6．对于精度要求中等的未淬硬钢件、铸铁件及有色金属件，当孔径小于 $\phi20$ mm 时，采用钻孔后扩孔；当孔径大于 $\phi20$ mm 时，采用钻孔和镗孔。加工精度可达到 IT10 ~ IT9，表面粗糙度值 Ra 达 6.3 ~ 3.2 μm。（　　）

7．在拟定孔的加工方案时，应考虑孔径的大小、孔的深度、精度和表面粗糙度等要求。（　　）

8．铰孔能提高孔的尺寸精度及降低表面粗糙度值，还能修正孔的位置精度。（　　）

9．镗孔除了能提高尺寸精度和表面质量外，还可以修正孔的轴线的直线度误差。（　　）

10．铰孔时以孔自身作导向，故可以纠正孔的位置误差。（　　）

11．珩磨时由于加工余量小，一般不需加切削液。（　　）

12．精镗的加工精度可达 IT8 ~ IT6，表面粗糙度值 Ra 可达 1.6 ~ 0.8 μm。用于精度较高的内孔的精加工或作为珩磨孔的预加工。（　　）

四、名词解释

1．钻孔

2．扩孔

3．珩磨

五、简答题

1．镗孔加工有哪些特点？

2．铰孔加工有哪些特点？

3. 对于精度要求很高的内孔加工，可采用什么加工方案？

六、分析题

试分析图 4—2 所示的阀盖内圆表面的加工方法。

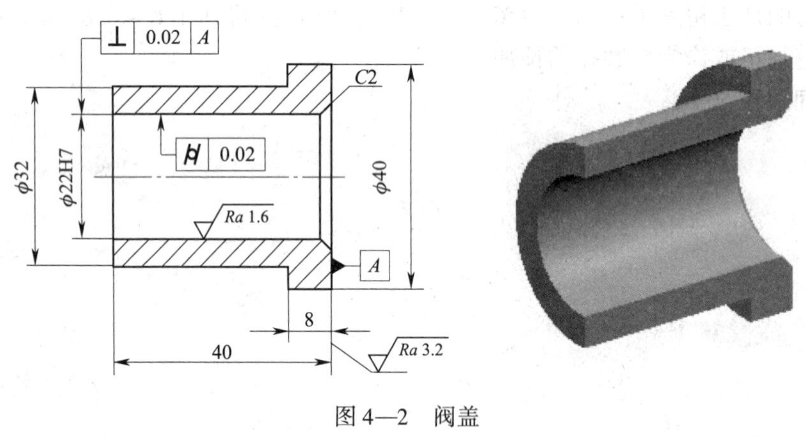

图 4—2　阀盖

第三节　平面的加工方法

一、填空题（将正确答案填写在横线上）

1. 用刨刀相对工件作__________运动的切削加工方法称为刨削。

2. 因刨削具有______、______和机床调整方便等特点，所以在生产中特别是在修配加工中得到广泛应用。

3. 刨削的加工精度一般可达______，表面粗糙度值 *Ra* 可达______。

4. 在平面磨床上进行零件平面的精加工，主要用于中、小零件的______表面和____平面的加工。

5. 平面的技术要求除平面本身的尺寸精度之外，还有______、______、______。

6. 刮削是用______刮除工件表面薄层金属的一种加工方法，一般在精刨或精铣的基础上，由钳工______操作。

7. 加工未淬火钢件、铸铁件、有色金属件等的宽平面应用__________________的方案。

8. 研磨分________研磨和________研磨两种。手工研磨的运动轨迹有______形、______形、______形、______形和______形等。

9. 用________铣刀加工零件表面的方法称周铣，周铣又可分为______和______。

10. 平面磨削方式有________和________两种，相比较而言________的加工精度和表面质量更高，但生产率较低。

11. 常用的研具有__________、________和________等。平面研磨采用________，其中，有槽的用于________，光滑的用于__________。

12. 常用的平面加工方法有刨削、铣削和磨削等，其中__________常用于平面的精加工，而__________和____________常用于平面的粗加工和半精加工。

二、选择题（将正确答案的序号填写在括号内）

1. 刨削不能加工（　　）。

A. 直角槽　　B. 燕尾槽　　C. 端面槽　　D. T形槽

2. 铣削的加工精度和表面粗糙度一般可达（　　）。

A. IT12 ~ IT11、*Ra*25 ~ 12.5 μm

B. IT8 ~ IT7、*Ra*3.2 ~ 1.6 μm

C. IT10 ~ IT9、*Ra*6.3 ~ 3.2 μm

D. IT7 ~ IT6、*Ra*0.8 ~ 0.2 μm

3. 平面磨削不宜加工（　　）。

A. 钢件　　B. 铸件　　C. 有色金属件

4. 平面刮削是用刮刀刮除工件表面薄层金属的一种加工方法，它是由（　　）来完成。

A. 平面磨床　　B. 刨床　　C. 手工操作　　D. 铣床

5. 平面的刮削能够（　　）。

A. 提高加工效率　　B. 修正位置偏差

C. 提高表面质量　　D. 改善尺寸精度

6. 在平面磨床上精磨平面时应采用（　　）。

A. 圆周磨削　　B. 端面磨削　　C. 外圆磨削

7. 下列不属于常用研具材料的是（　　）。

A. 灰铸铁　　B. 球墨铸铁　　C. 软钢　　D. 铝

8. 研磨较小的硬工件或粗研磨时，可采用较（　　）的压力、较（　　）的速度。

A. 大　慢　　B. 大　快　　C. 小　慢　　D. 小　快

三、判断题（正确的在括号内打√，错误的在括号内打×）

1. 刨削可以加工水平面、垂直面和斜面，不可以加工直角槽、燕尾槽、T形槽。（　　）

2. 平面磨削的加工精度可达IT7。（　　）

3. 圆周磨削的特点是砂轮与工件接触面积大、排屑和冷却条件好、工件发热变形小。（　　）

4. 反复对研显点和刮削，可使工件表面的显点数逐渐增多并越来越均匀，表明工件表面粗糙度值在逐渐增大。（　　）

5. 刮削属于光整加工，能有效提高工件的耐磨性。（　　）

6. 粗铣—精铣的方案适用于加工中等精度的狭长平面。（　　）

7. V形架的底表面的加工方案是：粗刨（粗铣）—半精铣—粗磨—精磨—刮削。（　　）

8. 对精度要求不高的各种零件（淬火钢零件除外）的平面，经粗刨、粗铣、粗车等即可达到要求，表面粗糙度值 Ra 可达 50～12.5 μm。（　　）

四、名词解释

1. 铣削

2. 刮削

五、简答题

1. 刨削加工有哪些优点和缺点？

2. 平面的铣削可以分为哪几个加工阶段？如何选择合理的加工方案？

3. 图4—3所示的磨削平面的方式分别是什么？简述各自的特点及应用。

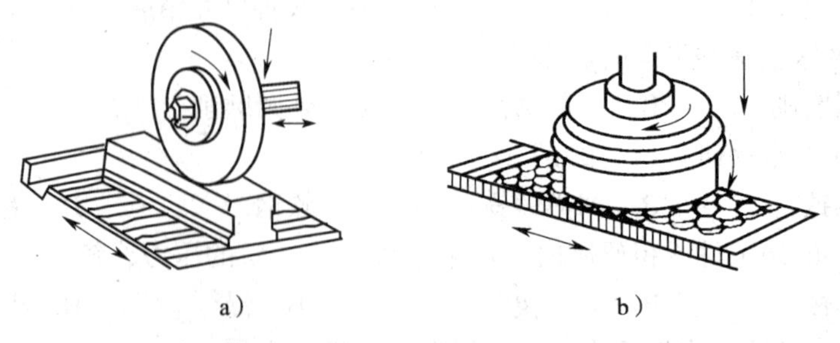

a）　　b）

图4—3　磨削平面

4. 试述高精度平面的加工方案。

第四节　螺纹表面的加工方法

一、填空题（将正确答案填写在横线上）

1. 常用的螺纹加工方法有________、________、______、______、______和______等。

2. 螺纹按用途不同，可分为_________和_________两类。

3. 传动螺纹的常用牙形有______形、______形和______形。

4. 丝锥按使用方式不同分为______丝锥和______丝锥，两者的不同之处是_________在柄部多了一条________，以防止丝锥从夹具内脱落。

5. 套螺纹是用______在圆柱表面上加工出____螺纹的方法。

6. 传动螺纹用于传递运动，将______运动转变为______运动。

7. 攻螺纹是指采用______在______表面上加工出螺纹的方法。

8. 车削螺纹是在______上采用_________加工螺纹的一种方法。

9. 在确定螺纹加工方案时，应根据螺纹的_________、_________和_________等，综合考虑确定最终的加工方案。

10. 螺纹表面可以在车床、________、钻床和磨床上进行加工，也可在钳台上________。

二、选择题（将正确答案的序号填写在括号内）

1. 不仅需要保证传递运动的准确性，而且需要传递一定的动力，位移时应选用（　　）。

A. 紧固螺纹　　B. 三角螺纹　　C. 英制螺纹　　D. 梯形螺纹

2. 攻螺纹和套螺纹的加工方法一般适用于（　　）的场合。

A. 尺寸较小和加工精度要求低

B. 尺寸较大和加工精度要求高

C. 尺寸较小和加工精度要求高

D. 尺寸较大和加工精度要求低

3. (　　) 适用于加工尺寸较大的螺纹。

A. 攻螺纹　　B. 套螺纹　　C. 车螺纹　　D. 滚压螺纹

4. 滚压螺纹可分为搓丝板滚压螺纹和滚丝轮滚压螺纹，它们适用于 (　　) 生产。

A. 小批量　　B. 中批量　　C. 大量　　D. 单件

5. 下列螺纹加工方法中，(　　) 属于无屑加工。

A. 磨削螺纹　　B. 车削螺纹　　C. 铣削螺纹　　D. 滚压螺纹

三、判断题（正确的在括号内打√，错误的在括号内打×）

1. 攻螺纹和套螺纹的加工精度较高，主要用于加工精度要求高的普通螺纹。 (　　)
2. 机床的丝杠、蜗杆属于紧固螺纹。 (　　)
3. 攻螺纹时速度一般很慢，但不需要加切削液。 (　　)
4. 车削螺纹的精度可达 IT6。 (　　)
5. 某螺纹的加工精度和表面粗糙度要求较高，可选择车削完成粗加工和精加工。 (　　)
6. 螺纹的磨削常用于淬硬螺纹或不淬硬螺纹的精加工。 (　　)

四、名词解释

1. 攻螺纹

2. 套螺纹

五、简答题

1. 螺纹的加工方法有哪些？

2. 车削螺纹有什么特点？适用于什么场合？

3. 铣削螺纹的方式有哪两种？分别有什么特点？适用于什么场合？

六、分析题

试分析图 4—4 所示的定位螺栓螺纹的加工方案。

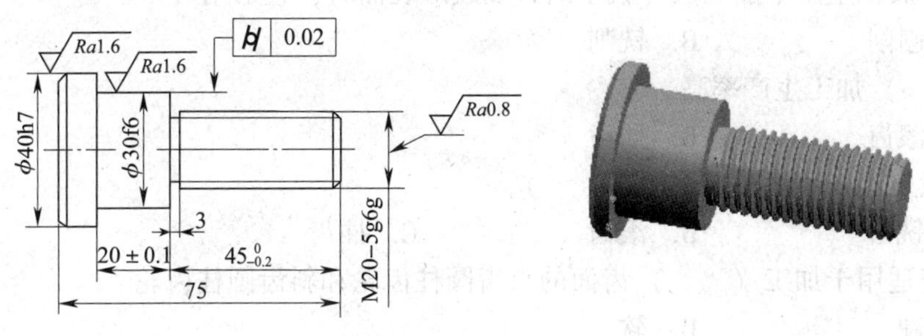

图 4—4　定位螺栓

第五节　成形表面的加工方法

一、填空题（将正确答案填写在横线上）

1．普通成形表面的加工方法有__________法、__________法、______法和__________法等几种基本形式。

2．成形表面加工时，应根据零件的______、______及__________拟定加工方案，保证满足其表面形状的要求。

3．用成形车刀车削成形表面，这种加工方法生产率______，加工质量______，但刀具刃磨______，仅适用于批量____、刚度____的成形表面的加工。

4．用成形刨刀刨削成形表面，生产率______，且有较大的________，容易引起______。

5．磨削成形表面主要用于加工________、________________的成形表面。

6．齿形的加工方法按加工原理不同分为______法和______法。

7．属于展成法的齿形加工方法有____齿、____齿、____齿、____齿和____齿等。

8．磨齿是用______在________上加工高精度齿形的一种方法。

9．齿面的磨削方法有__________________和____________________。

10．磨齿________低，适用于____________生产。

二、选择题（将正确答案的序号填写在括号内）

1．成形车刀切削时，应采用较（　　）的切削用量。

A．大　　　　　　　B．小

2. 车削适用于批量（　　）、刚度好的成形表面的加工。

A. 大　　B. 小

3. 用于成批生产中加工尺寸较小的直线成形表面时，宜采用（　　）。

A. 刨削　　B. 铣削

4.（　　）加工生产率高。

A. 滚齿　　B. 插齿

5. 批量生产人字齿轮应采用（　　）。

A. 铣齿　　B. 滚齿　　C. 插齿

6. 剃齿适用于加工（　　）齿面的直齿圆柱齿轮和斜齿圆柱齿轮。

A. 硬　　B. 软

三、判断题（正确的在括号内打√，错误的在括号内打×）

1. 手动控制法加工时，成形表面的形状和尺寸不受限制。（　　）
2. 刨削只适用于加工尺寸小、形状简单的直线成形表面。（　　）
3. 磨削主要用于淬火后的精密成形表面的精加工。（　　）
4. 滚齿是利用一对平行轴齿轮啮合的原理实现齿形加工的。（　　）
5. 插齿能加工内齿轮、人字齿轮和多联齿轮。（　　）
6. 滚齿时，齿轮滚刀轴线与被切齿轮的轴线垂直。（　　）
7. 剃齿前齿轮的精度应比剃齿后的精度低一级。（　　）
8. 磨齿只能用于加工淬火后的齿轮。（　　）
9. 剃齿的加工精度可达 IT7 ~ IT6 级，表面粗糙度值 Ra 可达 0.8 ~ 0.4 μm。（　　）
10. 同一模数的滚刀，可以加工不同模数的各种不同齿数的圆柱齿轮。（　　）

四、名词解释

1. 手动控制法

2. 成形刀具法

3. 靠模法

4. 展成法

五、简答题

1．手动控制法加工成形表面有什么特点？适用于什么场合？

2．靠模法加工成形表面有什么特点？适用于什么场合？

3．铣齿加工有哪些特点？

4．滚齿加工有哪些特点？

5．插齿加工有哪些特点？

6．剃齿加工有哪些特点？

六、分析题

1．试分析图 4—5 所示的球形手柄表面的加工方案。

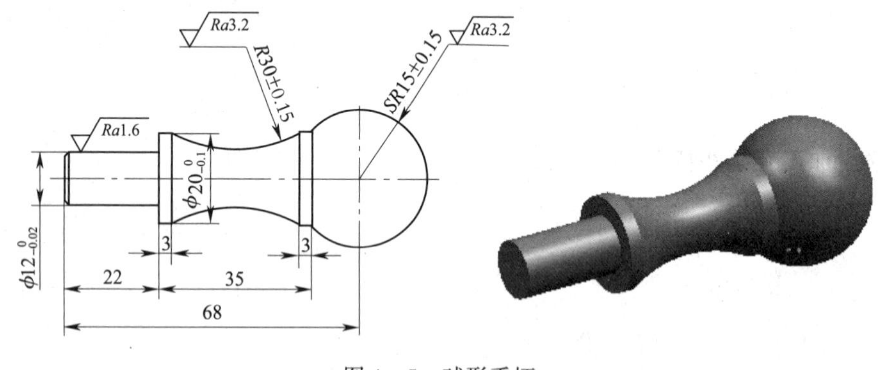

图 4—5　球形手柄

2. 如图 4—6 所示的手柄，如在数控车床上加工时，写出加工工艺步骤。

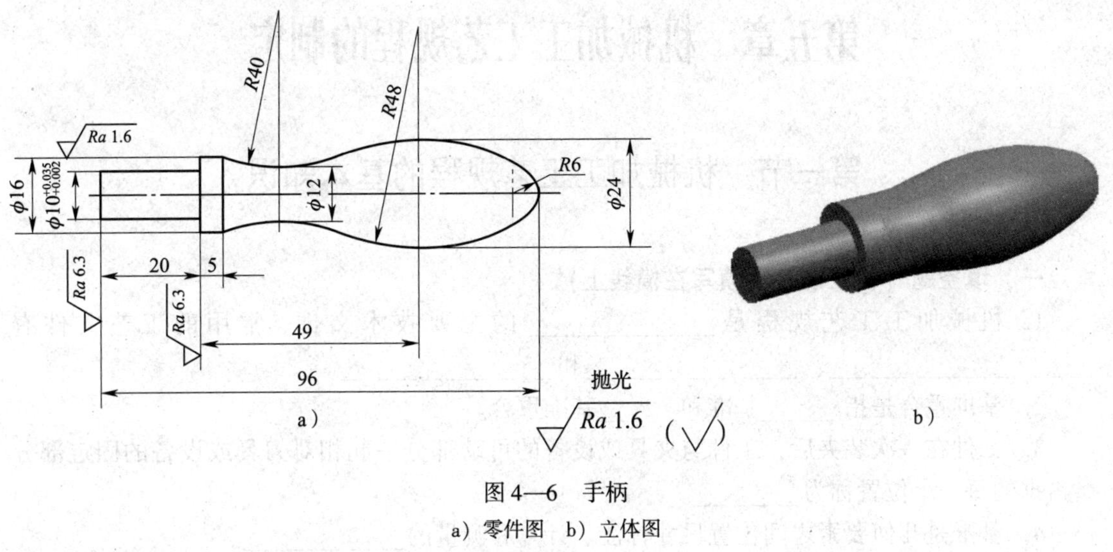

图 4—6 手柄

a）零件图 b）立体图

第五章　机械加工工艺规程的制定

第一节　机械加工工艺规程的基本知识

一、填空题（将正确答案填写在横线上）

1. 机械加工工艺规程是______________的主要技术文件。常用的工艺文件有____________________、________________和________________。

2. 基准重合是指______基准和______基准重合。

3. 工件在一次装夹后，工件与夹具或设备的可动部分一起相对刀具或设备的固定部分所占据的每一个位置称为________。

4. 基准是几何要素之间位置尺寸标注、计算和测量的____________。

5. 定位基准选择正确与否，关系到拟定工艺路线和夹具结构设计是否合理，并将影响到工件的________、________和________。

6. 零件在加工和装配过程中所采用的基准称为______________。根据其用途不同，可分为__________、____________、____________和____________。

7. 在选择精基准时应该遵循____________原则、__________原则、__________原则、__________和____________原则。

8. 机械加工工艺过程是由若干道__________组成。

9. 工件在机床上或夹具中__________并__________的过程称为安装。

10. 包括______和______在内产品的年产量称为产品的生产纲领。

11. 工艺过程是由若干道工序组成，每道工序又可依次细分为______、______、______、进给等不同层次的单元。

12. __________广泛采用专用设备，全按流水线布置，广泛采用自动线。

二、选择题（将正确答案的序号填写在括号内）

1. 对于大量生产，一般采用（　　）进行工件安装。

A. 直接找正法　　B. 划线找正法

C. 夹具装夹法　　D. 直接找正法和划线找正法结合

2. 采用夹具进行装夹的方法适用于（　　）生产。

A. 小批量　　B. 中批量　　C. 大批量　　D. 单件

3. 对于中型零件，每年生产 450 件，这种生产类型属于（　　）生产。

A. 小批量　　B. 中批量　　C. 大批量　　D. 大量

4. 在加工轴类零件时，常用两中心孔作为（　　）。

A. 定位基准　　B. 粗基准　　C. 测量基准　　D. 装配基准

5. 使用两顶尖作为统一基准的零件是（　　）。

A. 轴类零件　　B. 箱体类零件

C. 盘套类零件　　D. 套类零件

6. 图样上所采用的基准称为（　　）基准。

A. 设计　　B. 工序　　C. 定位　　D. 测量

7. 使用一面两孔作为统一基准的零件是（　　）。

A. 轴类零件　　B. 箱体类零件

C. 盘套类零件　　D. 套类零件

8. 使用一个端面和一个短圆孔作为统一基准的零件是（　　）。

A. 轴类零件　　B. 箱体类零件

C. 盘套类零件　　D. 套类零件

9. 使用一个止推面和一个长孔作为统一基准的零件是（　　）。

A. 轴类零件　　B. 箱体类零件

C. 盘套类零件　　D. 套类零件

10. 为了避免因基准不重合引起误差，选择定位基准时，应尽量与工件的（　　）基准一致。

A. 设计　　B. 工序　　C. 定位　　D. 测量

三、判断题（正确的在括号内打√，错误的在括号内打×）

1. 机械加工过程由工序组成，在一道工序中可能有一次安装，也可能有多次安装。（　　）

2. 工件在加工前，使其在机床上或夹具中获得正确而固定的位置的过程称为安装。（　　）

3. 为满足工艺需要而在工件上专门设计的定位基准称为辅助基准。（　　）

4. 基准重合的目的是实现基准统一。（　　）

5. 为了实现基准统一的目的，轴类零件在粗加工时也应选择两中心孔作为定位基准。（　　）

6. 粗基准只能使用一次，不能重复使用。（　　）

7. 在机械加工过程中，工艺基准一定要与设计基准重合。（　　）

8. 若两个表面有相互位置精度要求，采用同一粗基准加工，并在一次装夹中完成，这种方法最容易实现其相互位置精度。（　　）

9. 对于全部表面均须加工的零件，应选择加工余量最小的表面作为粗基准。（　　）

10. 零件的结构确定了，其机械加工工艺过程中的工序也就确定了。（　　）

四、名词解释

1. 工序

2. 测量基准

五、简答题

1. 什么是基准？基准是如何分类的？

2. 机械加工工艺规程的作用是什么？

六、分析题

图 5—1 所示为阶梯轴，按成批生产，试分析拟定其工艺过程。

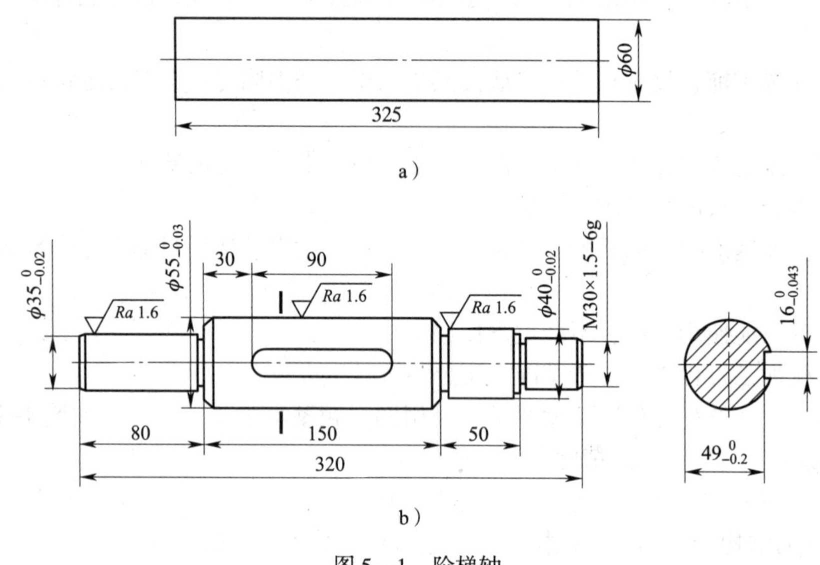

图 5—1 阶梯轴

a）毛坯图 b）零件图

第二节 机械加工工艺过程卡的编制

一、填空题（将正确答案填写在横线上）

1. 粗加工阶段的主要任务是切除毛坯上各加工表面的______________，使毛坯在形状和尺寸上接近__________。

2. 加工外圆表面采用粗车—半精车—精车的加工方案，一般可以达到的经济精度为__________，表面粗糙度值 Ra 为__________。

3. 加工内圆表面采用粗镗—半精镗—粗磨—精磨的加工方案，最终可以达到的经济精度为__________。

4. 对于加工质量要求很高的零件，其工艺过程通常划分为________、__________、________和__________四个阶段。

5. 作业时间是指____________和______________的总和。

6. 在生产中，批量越大，准备时间和终结时间分摊到每一个工件上的部分越____。

7. 主要表面是指__________和__________，而次要表面是指键槽、螺孔等其他表面。

8. 机械加工工序安排的基本原则是____________、____________、____________和__________。

9. 选择机床一般就是选择机床的______、__________和______。

10. 零件结构工艺性是指零件结构在满足使用要求的前提下，该零件加工的________和________。

11. 工时定额是指在一定__________下，规定生产一件产品或完成某一工序所需消耗的时间。

12. 为了提高零件表面________等安排的热处理工序、以装饰为目的安排的热处理工序和______________（如镀铬、发蓝等）一般都放在工序的最后。

二、选择题（将正确答案的序号填写在括号内）

1. 切削加工的基本时间是指（　　）。

A. 劳动时间　　B. 真正用于切削的时间

C. 切除材料所消耗的机动时间　　D. 辅助时间

2. （　　）不属于安排机械加工工序应遵守的原则。

A. 先基准后其他原则　　B. 先粗后精原则

C. 先主后次原则　　D. 先孔后面原则

3. 零件结构工艺性是指零件结构在满足使用要求的前提下，（　　）的可行性和经济性。

A. 设计零件　　B. 制造零件

C. 铸造零件　　D. 锻造零件

4. 加工箱体类零件时，出于质量和安全两方面因素考虑，应首先加工（　　）。

A. 孔系　　B. 基准平面

C. 端面　　D. 次要表面

5. 某齿轮的齿面经渗碳、淬火，齿面最终精加工可以采用（　　）。

A. 铣齿　　B. 滚齿　　C. 剃齿　　D. 磨齿

6. 担负起切除零件表面大部分加工余量的加工阶段是（　　）。

A. 粗加工阶段　　B. 半精加工阶段

C. 精加工阶段　　D. 光整加工阶段

7. 某光轴外圆表面精度要求达 IT6，表面粗糙度值 Ra 达 0.4 μm，加工时可选择（　　）方案。

A. 粗车—精车　　B. 粗车—半精车—精车—滚压

C. 粗车—半精车—磨削　　D. 粗车—半精车—粗磨—精磨

8. 加工平面时，粗铣—精铣—磨削—研磨的加工方案一般可以达到的经济精度为（　　）。

A. IT8　　B. IT7　　C. IT6　　D. IT5

三、判断题（正确的在括号内打√，错误的在括号内打×）

1. 在对零件的结构进行分析时，一旦发现结构不合理，岗位工人可自行修改图样。（　　）

2. 经过表面淬火的齿轮齿面，不能安排剃齿作为齿面最终精加工。（　　）

3. 加工车床主轴箱箱体零件时，首先加工主轴孔，然后加工箱体底平面。（　　）

4. 小批量生产应选择专用夹具，以使零件能够迅速定位、夹紧，提高劳动生产率。（　　）

5. 在安排加工工序时应首先安排次要表面的加工，最后安排主要表面的加工。（　　）

6. 淬火钢的精加工要用磨削，而有色金属圆柱面精加工时，为避免磨削时堵塞砂轮，则应采用高速精细车削或精细镗（金刚镗）。（　　）

7. 为了充分发挥机床的作用，粗加工、精加工都可以安排在同一台高精度机床上进行。（　　）

8. 选择机床其实就是选择机床的类型、规格和精度。（　　）

9. 在确定零件工时定额时，应以人为本，合理安排岗位工人的休息时间和生理需要时间。（　　）

10. 检验工序是保证产品质量合格的关键，每个操作者在操作过程中和加工完成后都必须自检。（　　）

四、名词解释

1. 工序集中

2. 基本时间

五、简答题

1．制定机械加工工艺规程的原则是什么？

2．选择零件表面加工方案主要考虑哪几方面的因素？

3．划分加工阶段有何作用？

4．在图 5—2 所示的零件结构中，哪个工艺性合理？哪个不合理？分别说明理由。

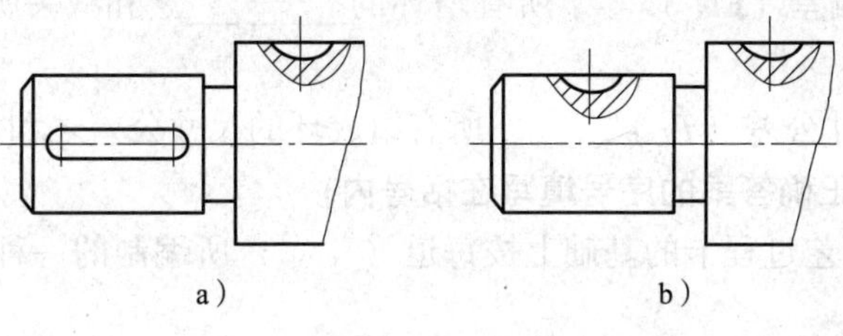

图 5—2　零件

第三节 机械加工工序卡的编制

一、填空题（将正确答案填写在横线上）

1. 针对机械加工工艺过程卡中的每一道工序编制的工艺文件称为________________。

2. 在机械加工过程中，从加工表面切除的____________称为加工余量。

3. 加工余量是指加工过程中所切除的________。加工余量等于各________总和。

4. 确定加工余量的方法有____________、____________和____________三种。

5. 当____________与__________重合时，被加工表面的最终工序的尺寸一般可直接按零件图样规定的尺寸确定。中间各工序的尺寸则根据零件图样规定的尺寸依次加上（对于外表面）或减去（对于内表面）各工序的__________求得，计算的顺序是____________推算（逆推法），直到毛坯尺寸。

6. 工序尺寸公差规定按__________标注，即对于外尺寸（轴），其尺寸偏差按____配置；对于内尺寸（孔），其尺寸偏差按____配置；毛坯尺寸的偏差一般为______对称标注。

7. 在零件加工或机器装配过程中，由相互连接的尺寸形成的封闭尺寸组称为________。

8. 组成工艺尺寸链的各个尺寸称为工艺尺寸链的____，分为________和________，而组成环又分为______和______两种。

9. 当其余各组成环保持不变，某一组成环增大，封闭环也随之增大，则该环即为______；反之即为______。

10. 封闭环的基本尺寸（A_0）等于所有增环的基本尺寸之和减去所有______的基本尺寸之和。

11. 封闭环的最大极限尺寸（$A_{0\max}$）等于所有增环的__________尺寸之和减去所有减环的__________尺寸之和。

12. 封闭环的下偏差（EI_{A_0}）等于所有增环的________之和减去所有减环的________之和。

13. 封闭环的尺寸公差（T_{A_0}）______所有组成环的尺寸公差之和。

二、选择题（将正确答案的序号填写在括号内）

1. 在机械加工工艺过程卡的基础上按每道（　　）所编制的一种工艺文件称为机械加工工序卡。

A. 工艺　　B. 工步　　C. 工序　　D. 工位

2. 确定工序加工余量的基本原则是（　　）。

A. 为提高生产率，尽量减小加工余量

B. 保证加工顺利，避免打滑

C. 保证能切除前道工序加工中留下的加工痕迹和缺陷

D. 保证被加工表面均能被切削到的前提下，余量越小越好

3. 某一零件前道工序内孔尺寸为 $\phi 84.7^{+0.087}_{0}$ mm，本工序内孔尺寸为 $\phi 85^{+0.022}_{0}$ mm，本道工序的最小加工余量（双面）为（　　）。

A. 0.387 mm　　B. 0.322 mm　　C. 0.213 mm　　D. 0.3 mm

4. 在工艺尺寸链中，当工序尺寸确定后产生的一个环是（　　）。

A. 增环　　B. 减环　　C. 增环或减环　　D. 封闭环

5. 封闭环公差等于（　　）。

A. 各组成环公差之和

B. 所有减环公差之和

C. 所有增环公差之和

D. 增环、减环公差的代数差

6. 当其余各组成环保持不变，某一组成环增大，封闭环反而减小，则该环即（　　）。

A. 增环　　B. 减环　　C. 增环或减环　　D. 封闭环

7. 当其余各组成环保持不变，某一组成环增大，封闭环也随之增大，则该环即（　　）。

A. 增环　　B. 减环　　C. 增环或减环　　D. 封闭环

8. 以降低表面粗糙度值为主要目的的光整加工工序，确定加工余量时主要考虑（　　）因素的影响。

A. 上道工序的表面缺陷层厚度 T_a

B. 上道工序的尺寸公差

C. 上道工序的表面粗糙度值 Ra

D. 上道工序的形位公差

9. 在确定工序尺寸公差带位置时按（　　）标注。

A. 基轴制原则　　B. 基孔制原则

C. 入体原则　　D. 混合配合原则

10. 粗加工时要根据机床功率和刚度的限制条件，选取尽可能大的（　　）。

A. 进给量　　B. 切削速度　　C. 背吃刀量　　D. A 和 C

三、判断题（正确的在括号内打√，错误的在括号内打 ×）

1. 一张工序简图可以用作多道工序加工的依据。（　　）

2. 总余量指一个零件从毛坯到成品所需切除的金属层厚度。（　　）

3. 工序简图一般只标注与本道工序有关的尺寸，其他尺寸可以不标注。（　　）

4. 在零件加工或机器装配过程中，由相互连接的尺寸形成的封闭尺寸组，称为尺寸链。（　　）

5. 确定工序公差带位置时，规定按入体原则标注，不管是轴还是孔均按 H 配置。（　　）

6. 不管零件工艺基准与设计基准是否重合，零件工序基本尺寸的确定方法都是由成品基本尺寸逆着加工顺序逐步往前推算。（　　）

7. 旋转表面（外圆、内孔）的工序余量通常指本道工序半径方向的余量。（　　）

8. 工艺尺寸链一般只由增环和减环组成。（　　）

9. 封闭环的最小极限尺寸（$A_{0\min}$）等于所有增环的最小极限尺寸之和减去所有减环的最大极限尺寸之和。（　　）

10. 一般工步内容包括加工表面（加工到什么程度）、工艺装备（如夹具、量具、刀具）、切削用量和进给次数等内容。（　　）

四、名词解释

1. 工艺尺寸链

2. 工序余量

五、简答题

1. 确定加工余量时应考虑的主要因素有哪些？

2. 工序简图有什么作用？绘制工序简图时要注意哪些问题？

六、计算题

1. 某轴套的轴向尺寸如图 5—3 所示，其外圆、内孔及端面均已加工。试求当以 B 面定位时，钻、铰 ϕ10H7 mm 孔的工序尺寸，并画出尺寸链图。

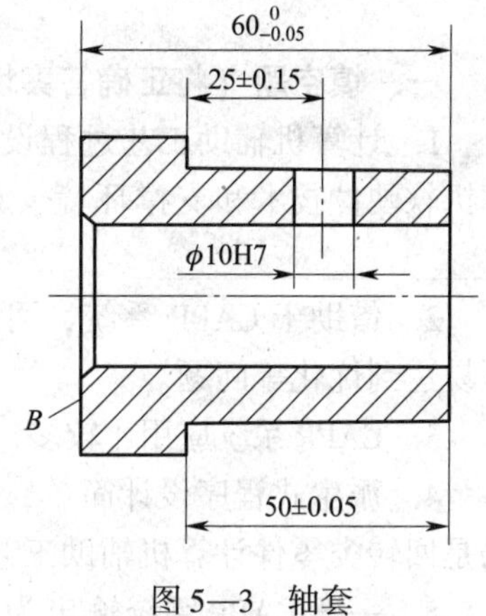

图 5—3　轴套

2. 如图 5—4 所示的台阶块零件，现以 A 面定位加工台阶面 B，要保证尺寸 $32_{+0.10}^{+0.28}$ mm 达到图样要求，试求 A_2 尺寸及其公差。

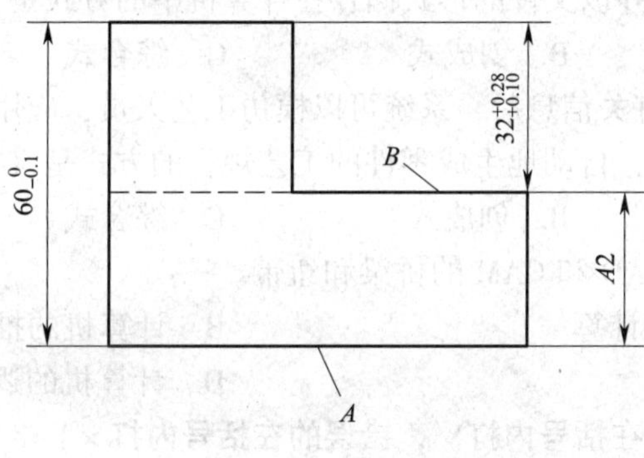

图 5—4　台阶块

第四节　计算机辅助工艺过程设计

一、填空题（将正确答案填写在横线上）

1．计算机辅助工艺过程设计（CAPP，Computer Aided Process Planning）是指借助于计算机软硬件技术和支撑环境，利用计算机进行________、__________和推理等功能来制定____________________。

2．借助于 CAPP 系统，可以解决手工工艺设计________、__________、质量不稳定、不易达到优化等问题。

3．CAPP 系统应用比较多，原理上大体可分为________、________和________三种类型。

4．派生式程序设计简单，易于实现，特别适用于__________的______________，目前仍是回转类零件计算机辅助工艺过程设计的主要方式。

5．一般 CAPP 系统输出为________________，它是专用格式的表格文件，大多数的输出文件中还需要包含________等。

二、选择题（将正确答案的序号填写在括号内）

1．根据成组技术的原理将零件划分为相似零件组，按零件组编制出标准工艺规程以及相应的检索方法与逻辑，并以文件的形式储存在计算机中的方式是（　　）。

A．派生式　　B．创成式　　C．综合式　　D．CAPP

2．当输入新零件的有关信息后，系统可以模仿工艺人员，应用各种工艺决策逻辑规则，在没有人工干预的条件下，自动地生成零件的工艺规程的方式是（　　）。

A．派生式　　B．创成式　　C．综合式　　D．CAPP

3．（　　）是联结 CAD 和 CAM 的桥梁和纽带。

A．计算机的数值计算　　B．计算机的推理

C．CAPP　　D．计算机的逻辑判断

三、判断题（正确的在括号内打√，错误的在括号内打×）

1．传统工艺过程设计能适应多品种，小批量的生产形式。（　　）

2．人工设计工艺规程一致性差，质量不稳定，难以优化和标准化。（　　）

3．CAPP 不便于将工艺专家的知识和经验集中，充分利用。（　　）

4．计算机辅助工艺过程设计（CAPP）系统输出的工艺过程描述包括详细的加工步骤、工序尺寸、工具、切削参数和机床调整信息等。（　　）

四、简答题

计算机辅助工艺过程设计（CAPP）系统的优点有哪些？

第六章　典型零件加工工艺分析

第一节　轴类零件加工工艺

一、填空题（将正确答案填写在横线上）

1. 轴类零件主要用于________和________，保证安装在轴上的零件的________。
2. 轴类零件的形状精度主要指轴颈的______、______等。
3. 在轴类零件的加工过程中，常用________作定位基准。
4. 键槽加工一般在________后进行。
5. 为改善金属组织和切削性能而进行的热处理称为______热处理。
6. 预备热处理包括______、______、______和______。
7. 为了提高零件的硬度、强度等力学性能而进行的热处理称为______热处理。
8. 最终热处理包括______、________和______。
9. 轴类零件在加工时，一般可划分为________、________和________三个加工阶段。
10. 对于结构复杂的轴，可采用________或________作为毛坯。

二、选择题（将正确答案的序号填写在括号内）

1. 对精度、转速和承载要求较高的轴类零件，宜选择（　　）材料。
   A. 普通碳素结构钢　　B. 优质碳素结构钢
   C. 合金结构钢　　D. 铸铁
2. 对于直径相差较大的阶梯轴和比较重要的轴，毛坯应选择（　　）。
   A. 型材　　B. 锻件　　C. 铸件　　D. 焊件
3. 轴类零件在精加工时，一般选择（　　）为定位基准。
   A. 一夹一顶　　B. 两顶尖　　C. 外圆表面　　D. 内圆表面
4. 最终热处理工序一般均安排在（　　）之后。
   A. 粗加工　　B. 半精加工　　C. 精加工　　D. 超精加工
5. 调质热处理一般安排在（　　）进行。
   A. 粗加工之前　　B. 精加工之后
   C. 时效处理之后　　D. 粗加工与精加工之间
6. 普通精度的轴，配合轴颈对支承轴颈的径向圆跳动一般为0.01～0.03 mm，高精度的轴为（　　）。
   A. 0.002～0.005 mm　　B. 0.005～0.010 mm
   C. 0.006～0.012 mm　　D. 0.008～0.016 mm
7. 加工轴类零件时，安排的加工顺序一般为（　　）。
   A. 先加工大外圆，再加工小外圆　　B. 先加工小外圆，再加工大外圆

C. 磨削外圆后，再加工键槽　　　　D. 淬火后，再加工螺纹

8. 加工轴类零件时，常用两个中心孔作为（　　）。

A. 粗基准　　　　B. 精基准

C. 装配基准　　　　D. 定位基准和测量基准

9. 在卧式车床上加工外圆表面，半精加工时为了提高零件的装夹刚度一般采用（　　）方式。

A. 两顶尖　　B. 一夹一顶　　C. 一夹一托　　D. 前后托

10. 轴的设计基准一般为轴的中心线，定位时用两顶尖装夹，这符合（　　）。

A. 基准统一原则　　　　B. 自为基准原则

C. 基准重合原则　　　　D. 互为基准原则

三、判断题（正确的在括号内打√，错误的在括号内打×）

1. 轴类零件是旋转体零件，其长度大于直径，加工表面通常有内外圆柱面、圆锥面以及螺纹、花键、键槽、横向孔、沟槽等。（　　）

2. 加工轴类零件时，往往先加工两端面和中心孔，并以此为定位基准加工所有外圆表面，这样既满足了基准重合原则，又满足了基准统一原则。（　　）

3. 粗基准只在第一道工序中使用，一般不能重复。（　　）

4. 小批量生产采用模锻，大批生产采用自由锻。（　　）

5. 直径相差较大的阶梯轴和比较重要的轴，应采用锻件作毛坯。（　　）

6. 中心孔是轴类工件的定位基准。（　　）

7. 粗加工、精加工采用的基准应相同。（　　）

8. 预备热处理时，通常将正火、退火安排在粗加工之后。（　　）

9. 在加工顺序上，一般先加工大直径外圆，再加工小直径外圆。（　　）

10. 轴上的螺纹一般有较高的精度要求，通常应安排在淬火之后进行加工。（　　）

11. 零件上的毛坯表面都可以作为定位时的精基准。（　　）

12. 精度要求比较高的工件，调质工序一般安排在粗加工之前。（　　）

四、简答题

1. 如何选择轴类零件材料？

2. 加工轴类零件通常分为哪几个阶段？各阶段的加工内容是什么？

3. 在轴类零件的加工过程中，一般选哪个要素作为定位基准？为什么？

五、分析题

1. 图 6—1 所示为输出轴，按成批生产，试分析拟定其工艺过程并填入表 6—1 中。

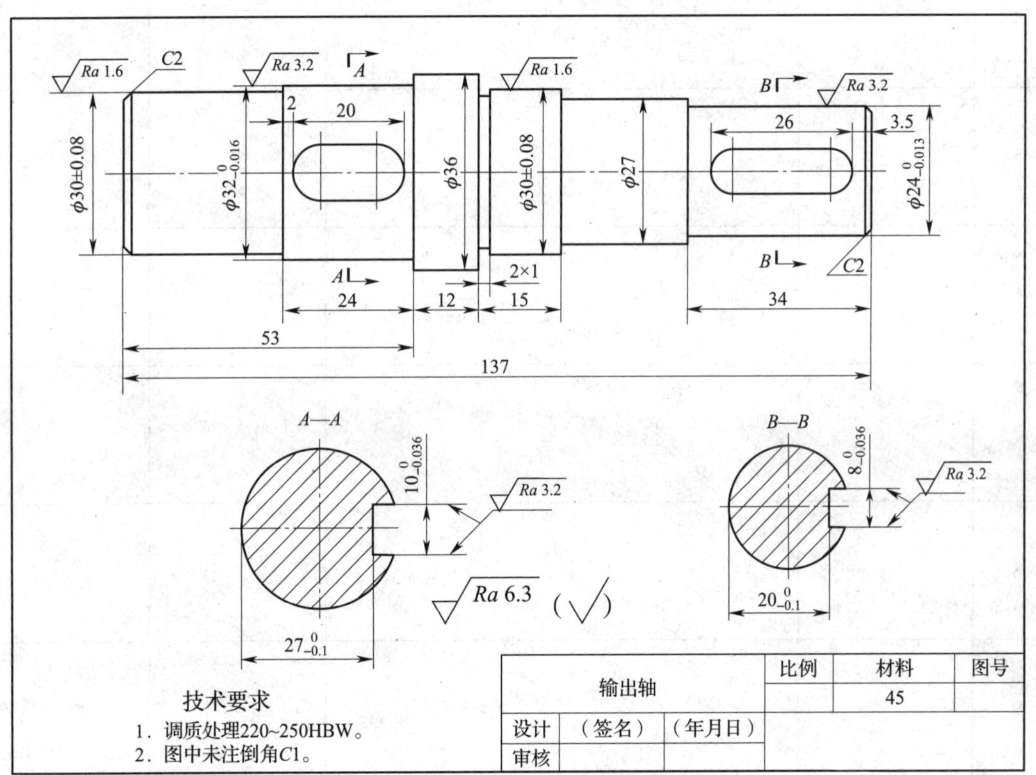

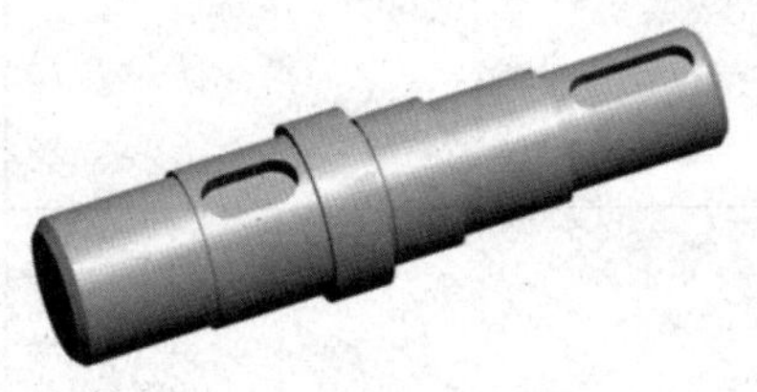

图 6—1 输出轴

表 6—1　　　　　　　　　　输出轴加工工艺过程

序号	工序名称	加工内容	定位基准	加工设备
1				
2				
3				
4				
5				
6				
7				
8				
9				
10				
11				

2. 图 6—2 所示为钻床主轴，按小批量生产，试分析拟定其工艺过程并填入表 6—2 中。

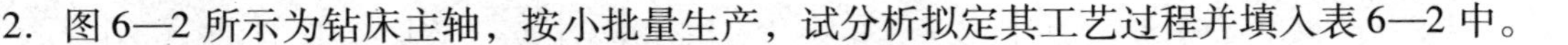

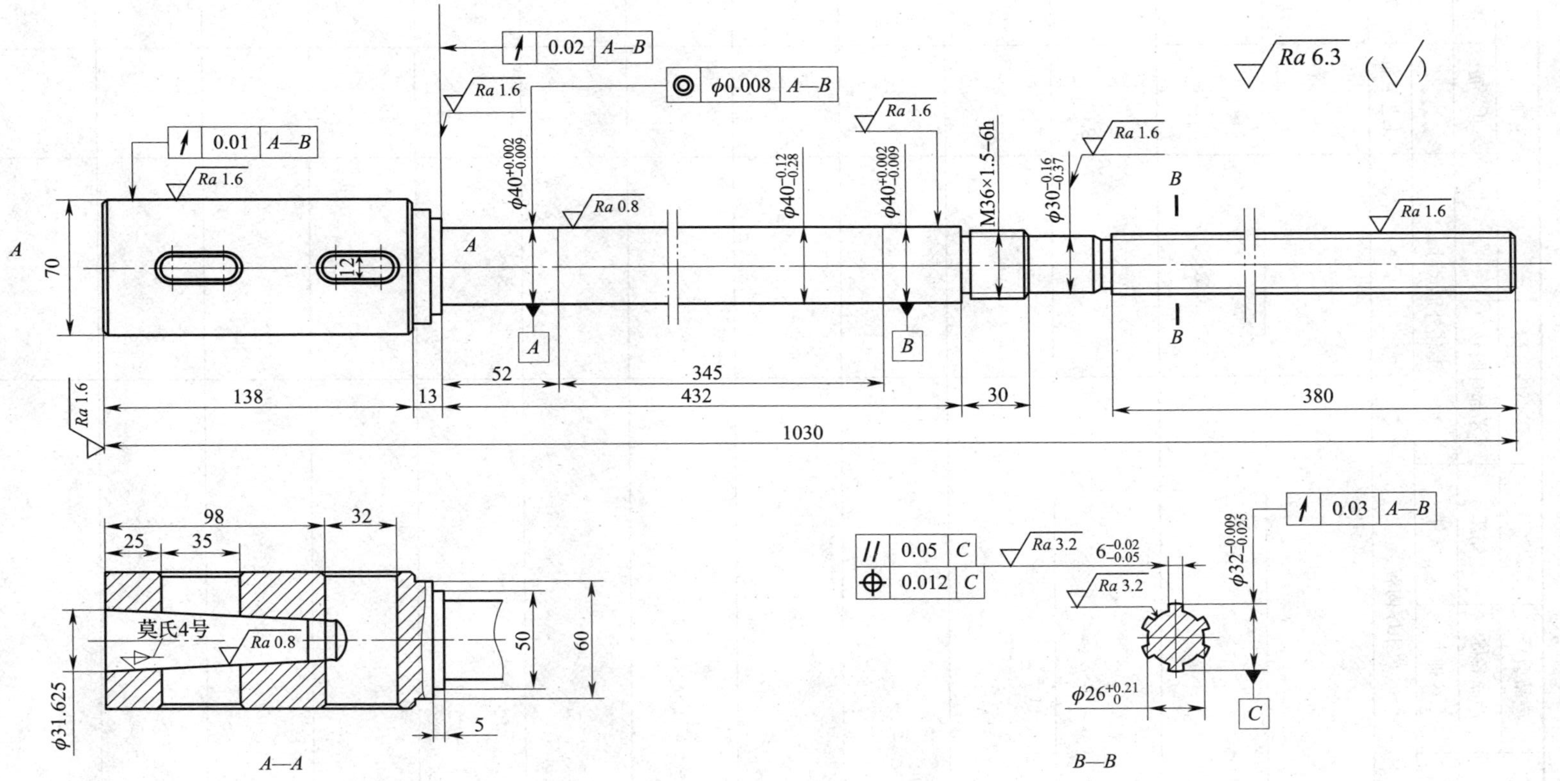

技术要求

1. 莫氏4号锥孔用涂色法检验，接触面大于等于80%。
2. 莫氏4号锥孔轴线对轴颈A、B的径向圆跳动公差近主轴端为0.008mm，300mm处为0.01mm。
3. 长度138mm淬火42~48HRC，其余调质235HBW。
4. 倒角$C2$。

图 6—2　钻床主轴

表 6—2　　钻床主轴加工工艺过程

<table>
<tr><td colspan="2" rowspan="2">机械加工
工艺过程卡</td><td>产品型号</td><td></td><td>零部件名称</td><td colspan="3">主轴</td></tr>
<tr><td>产品名称</td><td>钻床</td><td>零部件图号</td><td></td><td>共　页</td><td>第　页</td></tr>
<tr><td>材料</td><td>40Cr</td><td>毛坯种类</td><td>锻件</td><td colspan="2">毛坯外形尺寸</td><td colspan="2"></td></tr>
<tr><td>工序号</td><td>工序</td><td colspan="3">工序内容</td><td>设备</td><td>工艺装备</td><td>备注</td></tr>
<tr><td>1</td><td></td><td colspan="3"></td><td></td><td></td><td></td></tr>
<tr><td>2</td><td></td><td colspan="3"></td><td></td><td></td><td></td></tr>
<tr><td>3</td><td></td><td colspan="3"></td><td></td><td></td><td></td></tr>
<tr><td>4</td><td></td><td colspan="3"></td><td></td><td></td><td></td></tr>
<tr><td>5</td><td></td><td colspan="3"></td><td></td><td></td><td></td></tr>
<tr><td>6</td><td></td><td colspan="3"></td><td></td><td></td><td></td></tr>
<tr><td>7</td><td></td><td colspan="3"></td><td></td><td></td><td></td></tr>
<tr><td>8</td><td></td><td colspan="3"></td><td></td><td></td><td></td></tr>
<tr><td>9</td><td></td><td colspan="3"></td><td></td><td></td><td></td></tr>
<tr><td>10</td><td></td><td colspan="3"></td><td></td><td></td><td></td></tr>
<tr><td>11</td><td></td><td colspan="3"></td><td></td><td></td><td></td></tr>
<tr><td>12</td><td></td><td colspan="3"></td><td></td><td></td><td></td></tr>
<tr><td>13</td><td></td><td colspan="3"></td><td></td><td></td><td></td></tr>
</table>

续表

工序号	工序	工序内容	设备	工艺装备	备注
14					
15					
16					
17					
18					
19					
20					
21					
22					
23					
24					
25					
26					
27					
28					

第二节　套类零件加工工艺

一、填空题（将正确答案填写在横线上）

1. 套类零件是机械工程中常见的一种零件，主要起______和______作用。

2. 套类零件一般由____、______、端面和沟槽组成。

3. 套类零件的材料选择主要取决于______________。

4. 套类零件一般都存在________、__________________、__________等缺点。

5. 套类零件的主要加工方法是______和______。

6. 对于精度要求较高的套类零件，可在粗车或半精车后，以______和______互为基准反复磨削。

7. 孔径较大、长度较长的零件常用__________或带孔的__________。

8. 套类零件在加工过程中的主要工艺问题是______________和______。

9. 套类零件在加工过程中，往往由于________、________和________等诸多因素的影响而引起变形，致使加工精度降低。

10. 滑动轴承孔和需要与其他零件精确配合的孔精度要求较高，一般为__________。

二、选择题（将正确答案的序号填写在括号内）

1. 一般套类零件内孔的表面粗糙度值 Ra 为（　　）。

A. 1.6～0.1 μm　　B. 0.4～0.2 μm

C. 6.3～0.8 μm　　D. 1.6～3.2 μm

2. 选择套类零件毛坯时应考虑（　　）。

A. 零件的材料　　B. 零件的形状结构

C. 零件的尺寸　　D. 零件的材料、形状结构和尺寸

3. 当套类零件直径小于 20 mm 时，一般选用（　　）作毛坯。

A. 焊件　　B. 锻件　　C. 棒料　　D. 铸件

4. 加工轴承套时，应主要解决的工艺问题是（　　）。

A. 保证相互位置精度　　B. 保证内孔的形状精度

C. 保证外圆的表面粗糙度　　D. 保证外圆的形状精度

5. 加工套类零件时，为减少离心力对套类零件的变形影响可用（　　）的方法。

A. 配重　　B. 辅助支撑　　C. 心轴　　D. 减小切削速度

6. 装夹薄壁套类零件时，夹紧力的方向最好为（　　）。

A. 任意　　B. 径向　　C. 轴向　　D. 倾斜方向

三、判断题（正确的在括号内打√，错误的在括号内打×）

1. 套类零件的主要技术要求是内外圆的垂直度。（　　）

2. 孔径较大、长度较长的零件常用型材作毛坯。（　　）

3. 一般套类零件内孔的形状误差要求控制在孔的公差以内。（　　）

4. 如果轴承套内孔的精度为 IT7，采用铰孔可以满足要求。（　　）

5. “一刀下”是指在一次装夹中尽可能完成各主要表面加工的方法。（　　）

6. 对于薄壁套类零件，径向夹紧的方法比轴向夹紧好。 （ ）

7. 车削薄壁零件的关键问题是如何防止变形，对变形影响最大的是夹紧力和切削力。

（ ）

8. 套类零件内外圆的同轴度要求较高，通常为 0.01 ~ 0.03 mm。 （ ）

四、简答题

1. 套类零件在加工时应注意哪些问题？

2. 造成套类零件变形的外力因素有哪几种？采取哪些措施可以减小外力因素的影响？

3. 在加工过程中，如何保证套类零件各加工面的相互位置精度？

五、分析题

图 6—3 所示为连接盘，按小批量生产，试分析拟定其工艺过程并填入表 6—3 中。

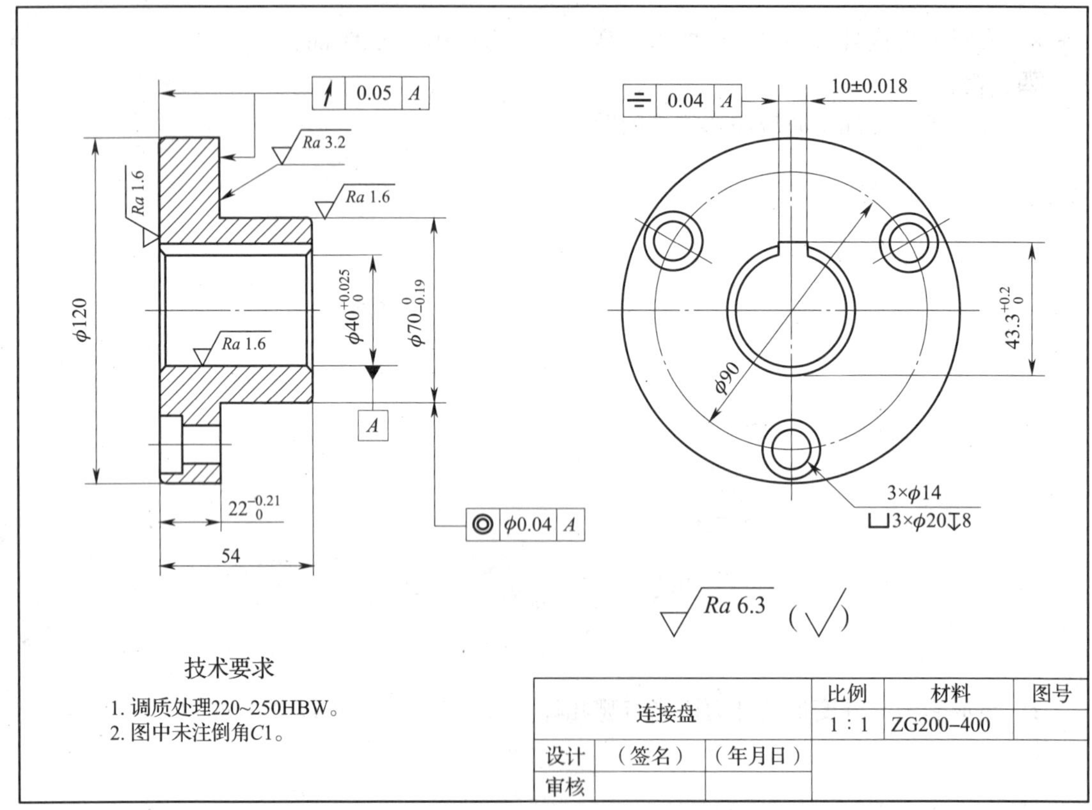

图 6—3 连接盘

表 6—3 连接盘加工工艺过程

序号	工序名称	加工内容	定位基准	加工设备
1				
2				
3				
4				
5				
6				
7				
8				
9				
10				
11				
12				

第三节　箱体类零件加工工艺

一、填空题（将正确答案填写在横线上）

1. 箱体的结构形式虽然多种多样，但主要特点仍有共同之处：________、壁薄且不均匀，内部呈腔形，既有精度要求较高的__________，也有许多精度要求较低的紧固孔。

2. 箱体类零件加工顺序安排的基本原则有__________原则、__________原则、________________原则。

3. 灰铸铁的铸造性和可加工性好，具有较好的______性和______性。

4. 箱体的生产工艺过程一般分__________和________生产两种工艺过程。

5. 一般箱体类零件的毛坯应选择______，铸造后应进行______处理，以便消除铸造时的内应力，改善切削加工性能。

6. 加工平面或孔系时，应贯彻先主后次原则，即先加工__________或________。

7. 对于刚度差、批量较大、要求精度较高的箱体，一般要粗、精加工分开进行，这样可以消除由________所造成的________、切削力、切削热、夹紧力等对加工精度的影响。

8. 箱体类零件精基准选择的基本原则为__________原则、__________原则。

9. 精密机床的箱体或形状特别复杂的箱体，应在粗加工后再进行一次________，促进铸造和粗加工造成的________释放。

10. 大多数箱体上都有一个或一组主要孔，为保证主要孔的__________均匀，应该以主要孔作__________。

二、选择题（将正确答案的序号填写在括号内）

1. 箱体类零件常用的材料一般为（　　）。

A. 优质碳素结构钢　　B. 灰铸铁

C. 铜　　D. 铝合金

2. 箱体类零件毛坯大批量生产中大多采用（　　）铸造。

A. 砂型　　B. 压力　　C. 熔模　　D. 金属模机器造型

3. 一般机床主轴箱的主轴支承孔的尺寸精度为（　　）。

A. IT7　　B. IT5　　C. IT8　　D. IT6

4. 箱体类零件加工中，选择粗基准时应优先考虑的是（　　）。

A. 保证各加工表面的余量均匀

B. 保证各加工面和孔的余量均匀

C. 保证内圆表面的余量均匀

D. 保证相互位置精度和尺寸精度

5. 箱体类零件加工中，选择精基准时应优先考虑的是（　　）。

A. 保证各加工表面的余量均匀

B. 保证各加工面和孔的余量均匀

C. 保证内圆表面的余量均匀

D. 保证相互位置精度和尺寸精度

6．为了保证箱体类零件加工后精度的稳定性，在粗加工之后应安排一次（　　）。

A．退火　　B．正火　　C．人工时效　　D．淬火

三、判断题（正确的在括号内打√，错误的在括号内打×）

1．箱体类零件的常用材料为普通灰铸铁。（　　）

2．为了减小质量，轿车发动机气缸体常用铝合金制造。（　　）

3．单件小批量生产的铸铁箱体，大多用金属模造型铸造。（　　）

4．装夹箱体类零件时，夹紧力的方向应尽量与基准平面平行。（　　）

5．箱体类零件的加工要求比较低，不需要多次装夹。（　　）

6．自然时效的效果较好，生产周期短。（　　）

7．在箱体孔系的加工中，采用划线找正法来确定加工孔的位置，适用于大批量生产。（　　）

8．对于刚度差、批量较大、精度要求较高的箱体，一般要粗加工、精加工分开进行。（　　）

9．铸铁箱体毛坯上直径大于 30 mm 的孔大多预先铸出，以减小孔的加工余量。（　　）

10．为了保证箱体类零件加工后精度的稳定性，在粗加工之后再安排一次正火处理。（　　）

四、简答题

1．箱体类零件的加工顺序为什么要先面后孔？

2．请写出单件小批量生产时，箱体类零件的基本工艺过程。

五、分析题

图 6—4 所示为齿轮箱箱盖，按小批量生产，试分析拟定其工艺过程并填入表 6—4 中。

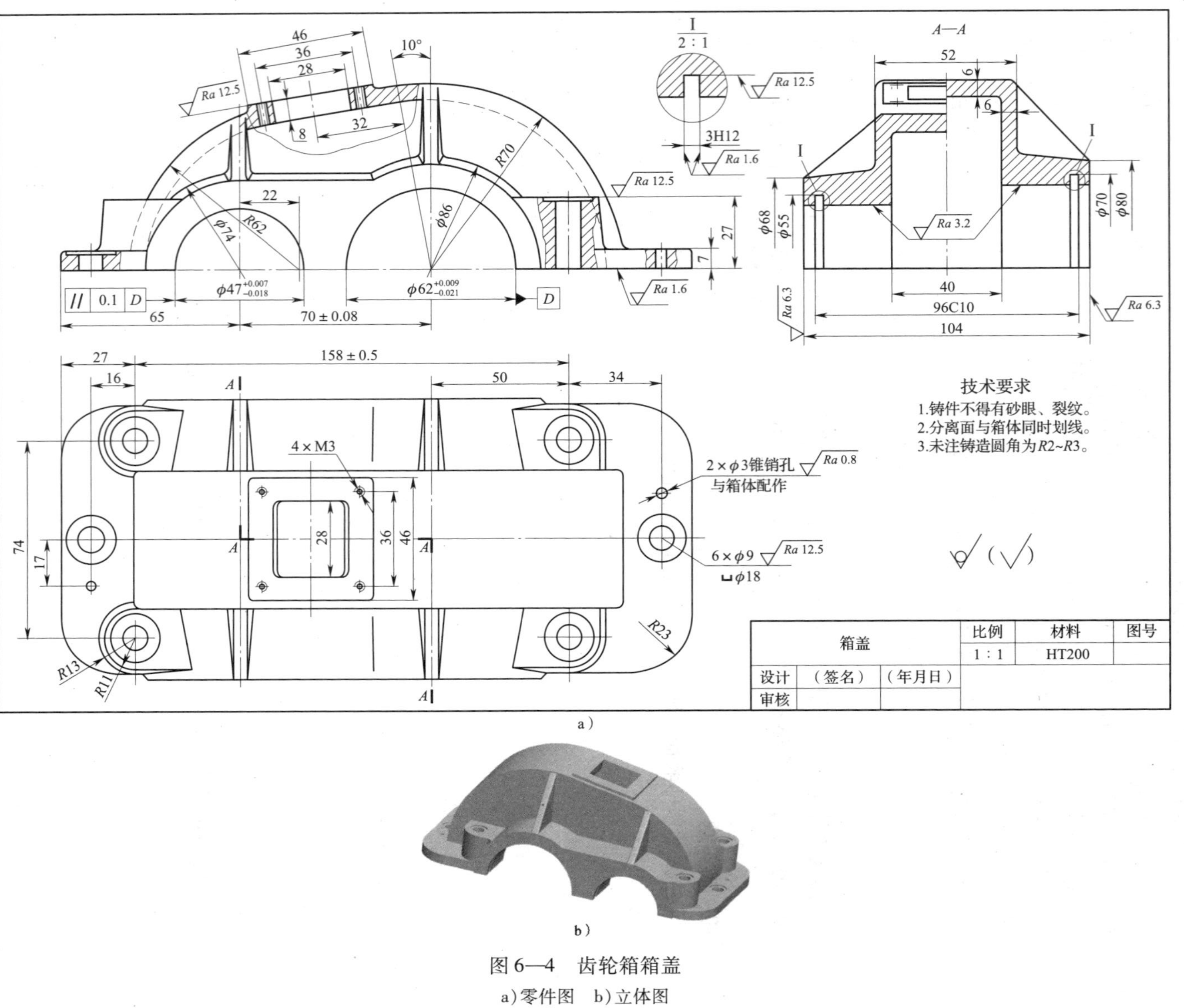

a）

b）

图 6—4　齿轮箱箱盖

a）零件图　b）立体图

表 6—4　　　　　　　　　　　齿轮箱箱盖加工工艺过程

序号	工序名称	加工内容	定位基准	加工设备
1				
2				
3				
4				
5				
6				
7				
8				
9				
10				

第四节　齿轮加工工艺

一、填空题（将正确答案填写在横线上）

1．齿轮在机械中广泛用来传递______和______。

2．齿轮传动的________恒定，传递运动准确平稳，__________大，传动效率高，可实现较大的传动比。

3. 圆柱齿轮按照齿圈上轮齿的分布形式，可以分为______、______和______等。

4. 齿轮传动广泛应用于______、汽车、飞机、船舶及__________等行业中，在机械制造中齿轮生产占有极其重要的位置。

5. 加工圆柱齿轮时，要保证______加工精度和______加工精度。

6. 齿坯外圆和端面主要采用______。加工时要特别注意______和________的精加工必须在一次安装内完成，并在基准端面上作好标记。

7. ________级精度、不需淬硬的齿轮，可用铣齿、滚齿或插齿达到要求。

8. 需调质的整体齿轮加工路线为：毛坯制造→正火→齿坯粗加工→______→齿坯精加工→__________→齿面精加工。

9. __________精度会直接影响齿轮啮合传动的准确性、平稳性等。

10. 双联或三联等多齿圈齿轮________的加工受其轮缘间轴向距离的限制，其齿形加工方法的选择会受到限制，___________较差。

二、选择题（将正确答案的序号填写在括号内）

1. 铸钢毛坯用于（　　）的齿轮。

A. 直径很大或结构形状复杂　　B. 受力较大的齿轮

C. 受力小无冲击的齿轮　　D. 低速的齿轮

2. 齿坯孔加工的正确方案是（　　）。

A. 钻孔→扩孔→铰孔　　B. 钻孔→扩孔→磨孔

C. 车孔→扩孔→磨孔　　D. 车孔或镗孔→拉或插键槽→磨孔

3. （　　）的工艺性最好。

A. 普通单齿圈齿轮　　B. 双联齿圈齿轮

C. 三联齿圈齿轮　　D. 普通多齿圈齿轮

三、判断题（正确的在括号内打√，错误的在括号内打×）

1. 齿轮所用材料应具有一定的接触疲劳强度和弯曲疲劳强度。（　　）

2. 齿轮毛坯的选择决定于齿轮的材料、结构形状、尺寸规格、使用条件及生产批量等因素。（　　）

3. 铸钢毛坯用于重要且受力较大的齿轮（　　）

4. 7～8级精度、需淬硬的齿轮，生产批量较小时可用滚齿（或插齿）→齿面热处理→磨齿的方案，生产批量大时可采用滚齿→剃齿→齿面热处理→珩齿的加工方案。（　　）

5. 需淬火整体齿轮加工路线是：毛坯制造→正火→齿坯粗加工→调质→齿坯半精加工→齿面粗加工→齿面高频淬火→齿坯精加工→齿面精加工（磨齿或珩齿）。（　　）

四、简答题

1. 齿轮制造应满足的技术要求有哪些？

2. 需渗碳或渗氮的圆柱齿轮加工路线是怎样的？

五、分析题

图 6—5 所示为传动齿轮，按成批生产，试分析拟定其工艺过程并填入表 6—5 中。

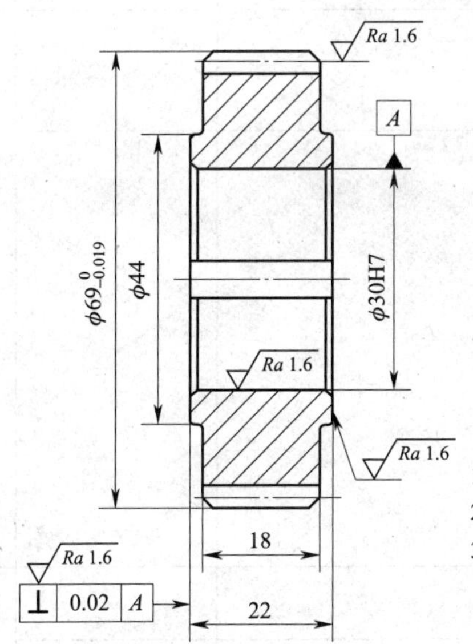

精度等级	766FL
齿数	30
模数	2
压力角	20°
公法线长度	22.390
跨齿数	4
径向跳动	0.032

技术要求

1. 热处理：碳氮共渗，淬火52HRC。
2. 材料为20MnCr5。
3. 未注倒角C1.5。

$\sqrt{Ra\ 3.2}$ ($\sqrt{}$)

图 6—5　传动齿轮

表 6—5　　传动齿轮加工工艺过程

序号	工序名称	加工内容	定位基准	加工设备
1				
2				
3				
4				
5				
6				
7				
8				
9				
10				
11				
12				
13				

第七章　复杂零件加工工艺分析

第一节　曲轴零件加工工艺

一、填空题（将正确答案填写在横线上）

1. 曲轴具有__________，刚度较____，结构复杂，技术要求____。

2. 曲轴的________和__________的轴线平行而不重合，这一现象称为__________。

3. 加工连杆轴颈前，应先加工出曲轴______和________，以确定各轴颈______的正确位置。

4. 曲轴重心和主轴颈及连杆轴颈轴线偏移，在车床上加工时会产生________和______，影响轴颈的__________。

5. 在曲柄位置增加________结构，用______来修正，以减小离心力和振动的影响。

6. 在曲轴加工工序安排上，应注意__________的要求，大批量生产按__________原则安排工艺过程，单件小批量生产时尽可能使__________。

7. 提高加工精度需要提高__________的精度，采用________设备进行加工，如__________等。

8. 一般汽车、拖拉机和柴油机曲轴的材料均采用45、45Mn2、50Mn、40Cr、35CrMo等____________和QT600－2__________。

9. 对于大型或单件小批量生产的曲轴，因毛坯大多是自由锻造的，所以中心孔一般均按__________。

10. 尽可能使造成曲轴较大弯曲变形的工序在__________、__________精加工之前完成，如铣端面、键槽等工序。

二、选择题（将正确答案的序号填写在括号内）

1. 曲轴结构与一般轴类零件不同之处在于曲轴有（　　）。

A. 台阶　　B. 连杆轴颈　　C. 锥孔　　D. 中心孔

2. 曲轴工作时承受转矩及大小和方向都不断变化的（　　）。

A. 疲劳应力　　B. 拉压应力

C. 弯曲应力　　D. 扭转应力

3. 曲轴的粗加工工序中，必要时应用（　　）来增强刚度。

A. 心轴　　B. 专用夹具　　C. 顶尖　　D. 中间托架

4. 在有可能产生变形的工序后应合理增设（　　）工序。

A. 校直　　B. 时效处理　　C. 回火　　D. 调质

5. 曲轴重心和轴颈轴线偏移的问题可以通过（　　）来克服。

A. 偏心距　　B. 中心孔　　C. 曲柄设计　　D. 曲拐数量

6. 曲轴的加工精度较高，应尽可能使设计基准、工艺基准（　　）。

A．交错　　B．重合　　C．平行　　D．垂直

7．偏心工件（　　）的加工质量对工件的加工精度影响很大。

A．端面　　B．外圆表面　　C．中心孔　　D．台阶

8．当曲轴连杆轴颈偏心距 e（　　）$d/2$（d 为主轴颈直径）时，可将连杆轴颈的中心孔钻在主轴颈中心孔的同一端面上。

A．大于　　B．等于　　C．小于　　D．不确定

三、判断题（正确的在括号内打√，错误的在括号内打×）

1．曲轴是带有曲拐的轴。（　　）

2．曲轴结构特殊，其加工不符合轴类零件的加工规律。（　　）

3．曲轴将活塞的旋转运动转变为往复运动。（　　）

4．曲轴的长径比较大，并具有连杆轴颈，刚度很差。（　　）

5．曲轴粗加工中的扭转变形和振动对最终精度影响不大，可在一般机床上进行。（　　）

6．当曲轴连杆轴颈偏心距 $e > d/2$ 时，应将连杆轴颈中心孔钻在主轴颈中心孔的同一端面上。（　　）

7．支撑螺钉顶紧力应适中，顶得过紧会使支撑螺钉飞出。（　　）

8．切削热会引起曲轴受热膨胀而弯曲，应考虑加强冷却，这对铸铁曲轴尤为重要。（　　）

9．曲轴不转，而刀具绕曲轴旋转的工艺方法可以避免加工中的不平衡状态。（　　）

10．曲轴的工艺路线比较短，但磨削工序所占比例大。（　　）

四、简答题

1．试分析曲轴加工的难点。

2．试分析曲轴加工的工艺特点。

五、分析题

图 7—1 所示为曲轴，现单件小批量生产，试分析拟定其工艺过程并填入表 7—1 中。

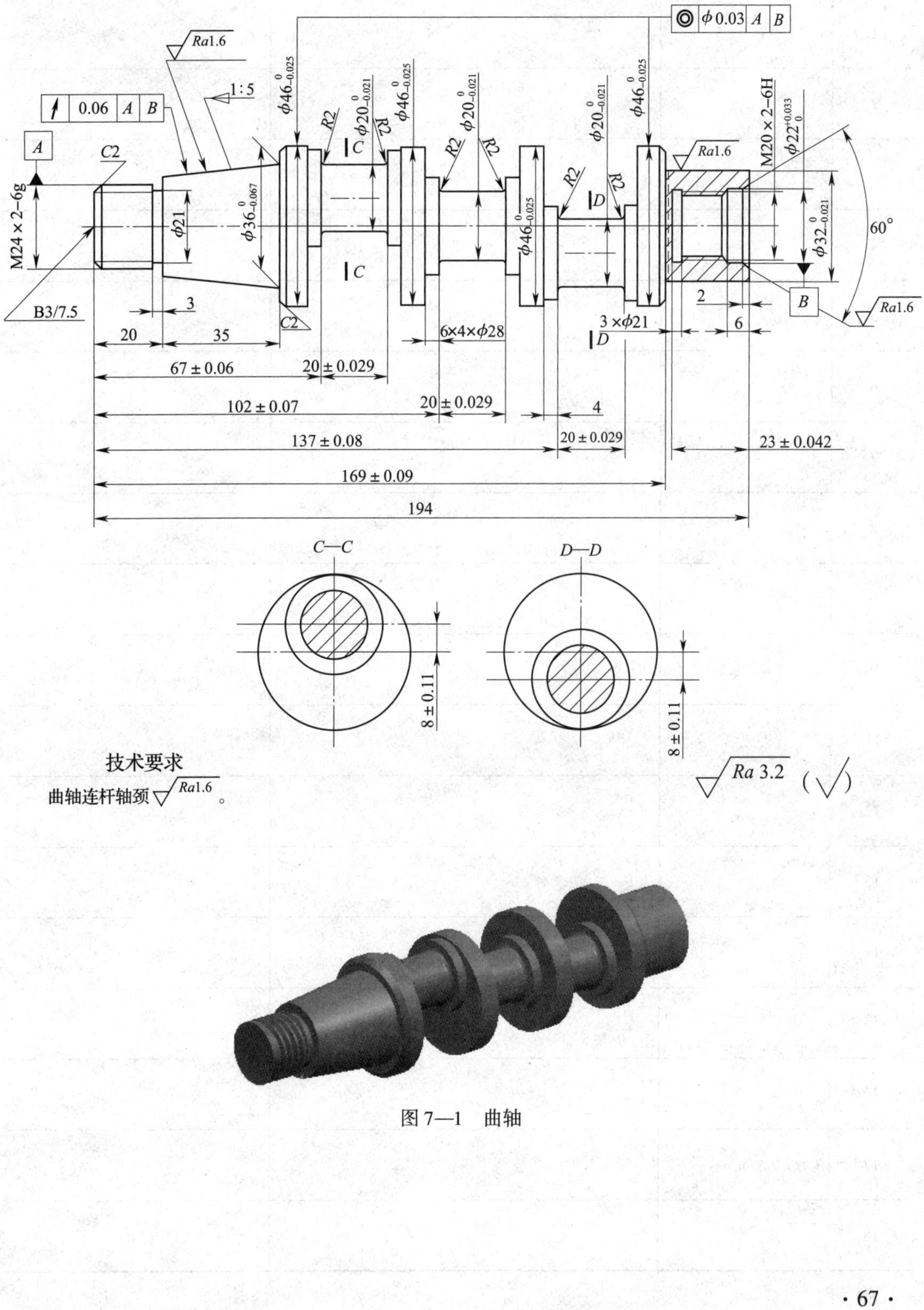

C—C　　D—D

技术要求

曲轴连杆轴颈 $\sqrt{Ra1.6}$。

$\sqrt{Ra\ 3.2}$ ($\sqrt{}$)

图 7—1　曲轴

表 7—1 曲轴加工工艺过程

序号	工序名称	工序内容	设备及主要工艺装备
1			
2			
3			
4			
5			
6			
7			
8			
9			
10			
11			
12			
13			
14			
15			
16			
17			
18			

第二节　卧式车床丝杠零件加工工艺

一、填空题（将正确答案填写在横线上）

1. 丝杠是细长______轴，它的长径比很______，刚度较______。

2. 机床丝杠按其摩擦特性可分为______、______和______。

3. 丝杠精度等级中，5 级用于______、坐标镗床，7 级用于______车床及精密齿轮机床，8 级用于______机床。

4. 丝杠技术要求中，除规定有丝杠的大径、中径和小径的______外，还规定了______公差、______的极限偏差、______等。

5. 丝杠要有良好的______工艺性，淬透性好，不易______，组织均匀，热处理变形小，能获得较高的______，从而保证丝杠的耐磨性和尺寸的稳定性。

6. 对于不淬硬的精密丝杠，热处理的变形只允许用______的方法加以消除，不准采用______。

7. 丝杠毛坯热处理工序的目的是消除锻造或轧制时毛坯中产生的______，改善组织，细化晶粒，改善______，一般硬度控制在______之间为宜。

8. 机械加工中时效处理工序的目的是消除______。

9. ______比三角形等螺纹牙型的传动效率高、精度高，加工也比较方便。

10. 丝杠精度要求______，丝杠时效处理次数就______。

二、选择题（将正确答案的序号填写在括号内）

1. 丝杠的结构形状复杂，有很高的（　　）加工要求。

A. 阶梯　　B. 沟槽　　C. 螺纹表面　　D. 内孔

2. 滑动丝杠的牙型多为（　　）。

A. 三角形　　B. 梯形　　C. 矩形　　D. 非密封管螺纹

3. 丝杠标准梯形螺纹的压力角 α 一般等于（　　）。

A. 20°　　B. 25°　　C. 30°　　D. 35°

4. 丝杠抗拉强度一般不低于（　　）。

A. 288 MPa　　B. 388 MPa　　C. 488 MPa　　D. 588 MPa

5. 适用于不淬硬丝杠的材料是（　　）。

A. 9Mn2V　　B. T10A　　C. GCr15　　D. GCr15SiMn

6. 适用于淬硬丝杠的材料是（　　）。

A. CrWMn　　B. 45　　C. HT200　　D. T12A

7. 旋风切削螺纹的加工表面粗糙度值 Ra 可达（　　）。

A. 0.2～0.4 μm　　B. 0.4～0.8 μm　　C. 0.8～3.2 μm　　D. 3.2～6.4 μm

8. 对于淬硬丝杠，只能采用（　　）的办法来修正中心孔。

A. 钻孔　　B. 铰孔　　C. 镗孔　　D. 研磨

三、判断题（正确的在括号内打√，错误的在括号内打×）

1. 丝杠是一种精度很高的零件，它能将直线运动转换成旋转运动。（　　）

2. 滚珠丝杠摩擦力小，传动效率高，精度高，制造工艺简单。 （ ）

3. 静压丝杠常用于普通机床的进给机构。 （ ）

4. 丝杠精度根据使用要求共分 6 级，9 级精度最高。 （ ）

5. 9Mn2V 有较好的工艺性和稳定性，淬透性好，一般用于大直径精密淬硬丝杠。 （ ）

6. 丝杠螺纹加工常采用滚压加工，表面质量好。 （ ）

7. 旋风切削螺纹的实质是高速铣削螺纹。 （ ）

8. 丝杠加工时应在热处理之后先加工外圆，再加工螺纹。 （ ）

9. 丝杠毛坯热校直应在四个滚筒中进行。 （ ）

10. 冷校直是将工件放在硬木或黄铜垫上，使弯曲部分凹点向下、凸点向上。 （ ）

四、简答题

1. 试分析丝杠校直与热处理的工艺特点。

2. 试分析丝杠的加工工艺特点。

五、分析题

图 7—2 所示为丝杠，批量生产 100 件，试分析拟定其工艺过程并填入表 7—2 中。

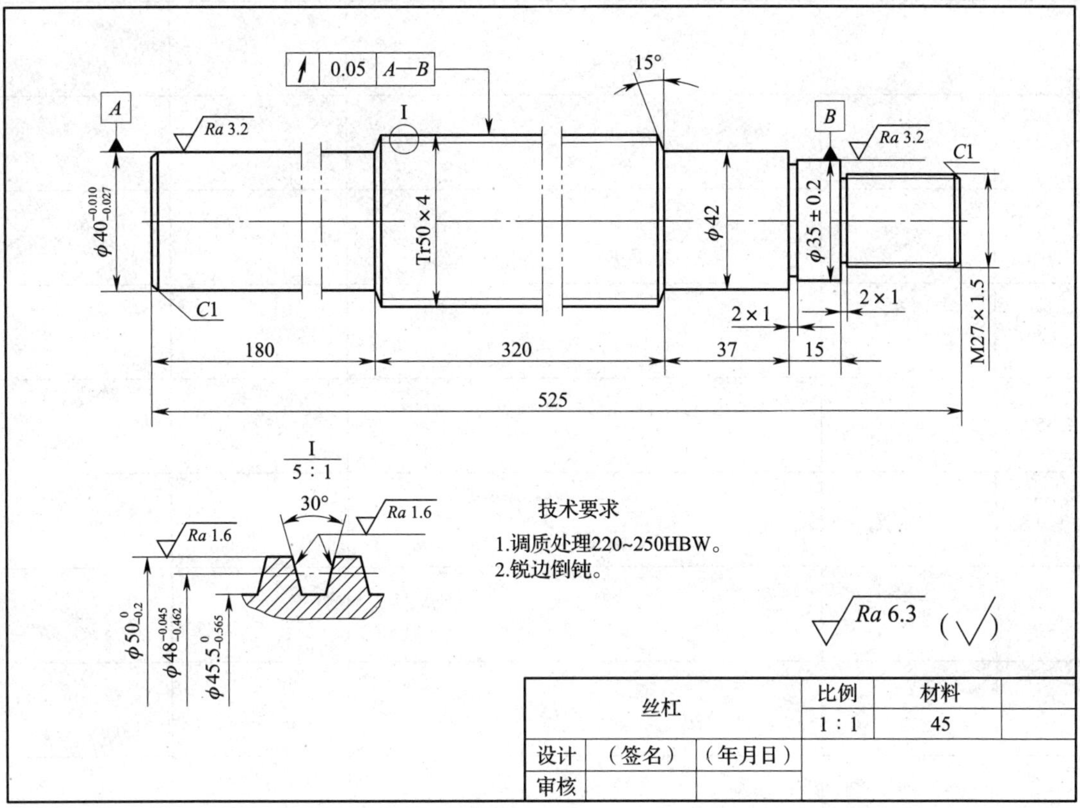

技术要求

1.调质处理220~250HBW。

2.锐边倒钝。

丝杠			比例	材料	
			1∶1	45	
设计	（签名）	（年月日）			
审核					

a）

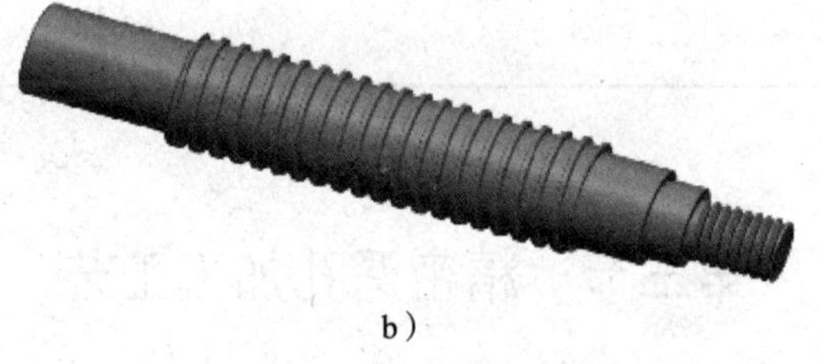

b）

图 7—2　丝杠

a）零件图　b）立体图

表 7—2 丝杠加工工艺过程

序号	工序名称	加工内容	定位基准	加工设备
1				
2				
3				
4				
5				
6				
7				
8				
9				
10				

第三节 精密深孔加工工艺

一、填空题（将正确答案填写在横线上）

1. 深孔往往是长径比较____的孔结构，因为加工刀具长而细，强度和刚度较____，加工中易发生______和振动。

2. 深孔加工中易产生孔的轴线______，从而影响深孔的________和____________。

3. 深孔加工过程中，不能_________刀具切削情况，只能凭工作经验_______________、________、____________________、________等来判断切削过程是否正常。

4. 液压缸的材料一般有______和_________两种。

5. 在深孔加工中为解决散热和排屑的问题，采用______输送切削液以__________和__________。

6. 孔径为 $\phi2\sim10$ mm 的深孔采用____钻，孔径为 $\phi18$ mm 以上的深孔则采用______钻。

7. 浮动镗孔也称__________，是对镗后的深孔___________的方法，采用的设备是__________。

8. 深孔滚压是一种__________加工，滚压工具对工件______施加一定的压力，使工件表层金属产生__________，填入原始残留的低凹波谷中，从而使工件表面粗糙度值________。

9. 深孔加工就是对孔的________大于 5 的孔的加工。

10. 喷吸钻比一般的内排屑深孔钻切削液__________，__________，可显著地改进工作条件，提高钻孔效率。

二、选择题（将正确答案的序号填写在括号内）

1. 深孔加工中为解决刀具偏斜的问题，宜采用（　　）的方式。
A. 刀具旋转　B. 工件旋转　C. 刀具进给　D. 工件进给

2. 深孔加工工艺视精度而定，对精度要求不高的孔采用（　　）。
A. 钻削　B. 铰削　C. 磨削　D. 研磨

3. 深孔加工时，对精度要求较高的孔可采用（　　）。
A. 钻削　B. 镗削　C. 铰削　D. 研磨

4. 深孔钻削单件、小批量生产中，常采用接长的麻花钻在（　　）上进行。
A. 立式车床　B. 卧式车床　C. 立式铣床　D. 卧式铣床

5. 深孔钻削成批生产中，常采用深孔钻头在（　　）上进行。
A. 卧式车床　B. 立式铣床　C. 深孔钻床　D. 龙门刨床

6. 经过钻削的深孔，要提高孔的直线度精度时，可（　　）。
A. 扩孔　B. 镗孔　C. 铰孔　D. 研磨

7. 深孔滚压可以将孔的表面粗糙度值 Ra 降低到（　　）。
A. 12.5～6.4 μm　B. 6.4～3.2 μm　C. 3.2～1.6 μm　D. 1.6～0.1 μm

8. 在实体材料上钻直径较大的深孔时，可以采用（　　）的加工方法。
A. 钻孔　B. 镗孔　C. 套料　D. 研磨

三、判断题（正确的在括号内打√，错误的在括号内打×）

1. 深孔加工与钻孔加工类似，切削液可顺利进入到切削区。（　　）

2. 深孔加工切屑排出过程中可能会划伤已加工表面，但不会发生刀具崩刃或折断。（　　）

3. 深孔钻削可连续进给，不用调整。（　　）

4. 喷吸钻是新发展出来的一种深孔钻。（　　）

5. 使经过钻削的深孔减小表面粗糙度值时，可用研磨工艺。（　　）

6. 推镗时刀杆受压应力，刚度若不足会产生弯曲变形，但不影响加工精度。（　　）

7. 钻杆上安装深孔镗刀头时，导向套通用。（　　）

8. 深孔滚压前必须将工件内孔擦洗干净，过盈量可灵活掌握。（　　）

9. 套料加工只能在深孔钻床上进行。（　　）

10. 套料加工时，套料刀与孔壁之间不能留有间隙。（　　）

四、简答题

1．试简述深孔加工的特点。

2．试简述深孔加工的方法。

五、分析题

图 7—3 所示为空心轴，按单件小批量生产，试分析拟定其工艺过程并填入表 7—3 中。

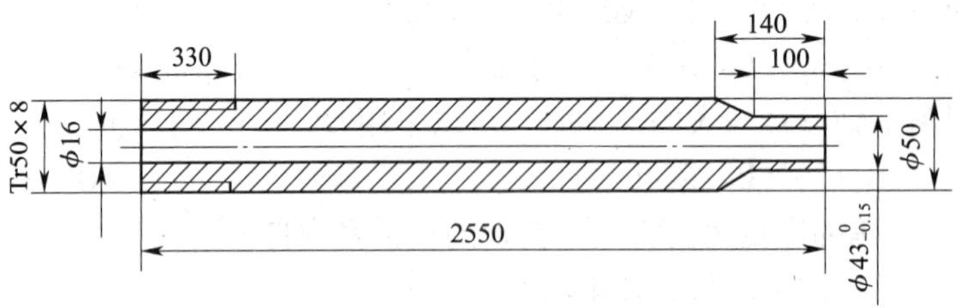

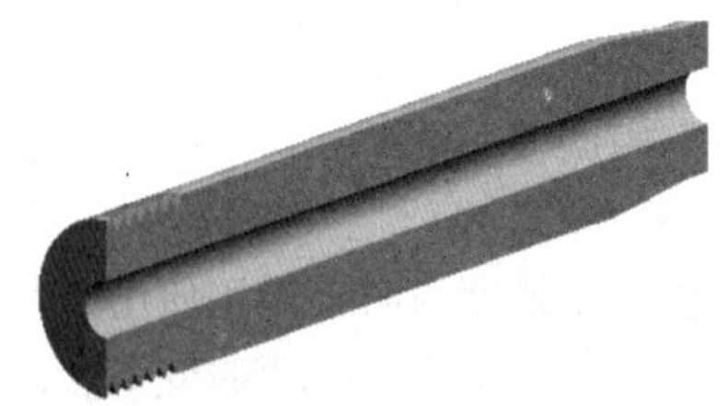

图 7—3　空心轴

表 7—3 **空心轴加工工艺过程**

序号	工序名称	工序内容	定位与夹紧
1			
2			
3			
4			
5			

第八章　机械装配工艺分析

第一节　装配工艺概述

一、填空题（将正确答案填写在横线上）

1. 机械产品一般由许多______和______组成，将若干零件组装成部件或将若干零件和部件组装成产品的过程称为______。

2. 机械产品装配是产品制造过程中的最后一个阶段，它包括______、______、______、______、______、______、验收和试验等一系列工作。

3. 在装配的准备阶段中，应该熟悉______________，熟悉_________和______________等，分析结构，了解零件间的连接关系和装配技术要求。

4. 校正是指产品中相关零件间相互位置的______、______及__________工作。

5. 对于转速较高、运转平稳性要求高的机器，为了防止使用中出现______，在_______时，需对有关______零部件进行平衡工作。

6. 机械产品装配完后，应根据有关技术标准和规定，对产品进行较全面的______和______工作，______后方准出厂。

7. 装配中的位置精度包括相关零部件间的_______、垂直度、_______、_______、对称度、位置度及各种跳动等。

8. 产品的装配精度和零件的_________有很密切的关系，零件精度是保证装配精度的______，但装配精度_______取决于零件精度。

9. 由若干个______、______和______组合而成，在产品中能完成一定完整功能的独立单元称为部件。

10. 过盈连接多用于轴、孔的配合，一般机械常采用_______配合法，重要或精密机械常用__________配合法。

二、选择题（将正确答案的序号填写在括号内）

1. 一般情况下，装配单元可分为（　　）级。

A. 2　　B. 3　　C. 4　　D. 5

2. 下列常见连接中属于不可拆卸连接的是（　　）。

A. 过盈连接　　B. 焊接　　C. 铆接　　D. 螺纹连接

3. 下列常见连接中属于可拆卸连接的是（　　）。

A. 铆接　　B. 螺纹连接　　C. 键连接　　D. 销钉连接

4. 配刮和配磨适用于（　　）加工。

A. 零部件接合表面　　B. 螺纹连接

C. 销孔定位　　D. 齿轮传动

5. 装配精度一般不包括零部件的（　　）。

A. 加工精度　　　B. 距离精度　　　C. 相互位置精度　D. 相对运动精度

6. 在装配中属于准备阶段的工作是（　　）。

A. 组件装配　　　　　　　　　　B. 确定装配顺序

C. 部件装配　　　　　　　　　　D. 运转试验

7. 在装配中属于装配阶段的工作是（　　）。

A. 熟悉装配图样　　　　　　　　B. 确定装配顺序

C. 部件装配　　　　　　　　　　D. 运转试验

8. 在装配中属于调整和精度检验阶段的工作是（　　）。

A. 确定装配顺序　　　　　　　　B. 部件装配

C. 检测接触精度　　　　　　　　D. 运转试验

三、判断题（正确的在括号内打√，错误的在括号内打×）

1. 车床的主轴箱是部件。（　　）

2. 零件的质量即产品质量，装配过程就是将合格零部件连接起来的过程。（　　）

3. 机械装配中的连接一般分为可拆卸连接和不可拆卸连接。（　　）

4. 圆柱销适用于经常拆卸的场合。（　　）

5. 所有的产品总装和大型机械的基体件装配都需要校正。（　　）

6. 轴类零件的平衡一般采用静平衡法。（　　）

7. 在组件装配前，均需要试装来保证装配质量。（　　）

8. 调整工作应贯穿于产品装配的整个过程。（　　）

9. 装配的检测工作应集中在总装完成后进行，以保证装配精度。（　　）

10. 减速器总装完成后，应进行运转试验。（　　）

四、简答题

1. 试简述装配工作的主要内容。

2. 试简述装配精度与零件精度的关系。

3. 试简述减速器装配阶段的工作内容。

第二节　装配尺寸链计算

一、填空题（将正确答案填写在横线上）

1. 工艺尺寸链和装配尺寸链同样都具有__________和__________。

2. 装配尺寸链是产品或部件的______过程中，由相关零件的__________或______________所组成的尺寸链。

3. 装配尺寸链由组成环和________组成，组成环分为______和______。

4. 装配尺寸链的封闭环是由__________的零件______在一起后形成的，装配尺寸链的____________就是装配精度。

5. 按照各环的几何特征和所处的空间位置，装配尺寸链可分为____________、____________和____________。

6. 装配尺寸链的计算方法有________和________两种，通常采用________。

二、选择题（将正确答案的序号填写在括号内）

1. 角度尺寸链的一个重要特点是组成环的基本尺寸都等于（　　）。

A. 0°　　B. 90°　　C. 60°　　D. 30°

2. 当运用装配尺寸链去分析和解决装配精度问题时，首先要正确建立（　　）。

A. 增环链　　B. 工艺尺寸链　　C. 装配尺寸链　　D. 减环链

3. 在机械产品或部件的装配中，由相关零件的（　　）组成的尺寸链称为装配尺寸链。

A. 工序尺寸　　B. 有关尺寸　　C. 工艺尺寸　　D. 定位尺寸

4. 装配精度是由零件装配在一起后才得到的，属于“间接得到”，故称为（　　）。

A. 增环　　B. 减环　　C. 组成环　　D. 封闭环

5. 在产品设计过程中，设计者首先完成总装配图和部件装配图，并提出装配精度要求，然后选择装配方法，确定各零件的基本尺寸及偏差，这样的方法是（　　）。

A. 正算法　　B. 反算法　　C. 概率法　　D. 极值法

6. 当需要对已设计的图样进行校核验算时，利用与装配精度有关的零件基本尺寸及偏差，通过求解装配尺寸链，验算零件装配后的装配精度是否满足设计要求，这样的方法是（ ）。

A. 正算法　　B. 反算法　　C. 概率法　　D. 极值法

三、判断题（正确的在括号内打√，错误的在括号内打×）

1. 工艺尺寸链就是装配尺寸链。（ ）
2. 直线尺寸链是由彼此平行的直线尺寸所组成的尺寸链。（ ）
3. 装配尺寸链的封闭环就是装配时要求保证的装配精度。（ ）
4. 在保证装配精度的前提下，装配尺寸链组成环可适当简化。（ ）
5. 装配尺寸链的组成应遵守较短路线原则。（ ）
6. 装配尺寸链不同于工艺尺寸链，它没有封闭性和关联性。（ ）
7. 一个零件在一个方向上可以有 1 ~2 个尺寸列入装配尺寸链。（ ）
8. 当运用装配尺寸链去分析和解决装配精度问题时，首先要正确确定封闭环。（ ）
9. 装配尺寸链中的组成环是由对装配精度有直接影响的相关零件的具体尺寸组成的，一个零件只能有一个尺寸（组成环）列入装配尺寸链。（ ）

四、简答题

1. 试简述装配尺寸链的建立方法与步骤。

2. 试简述装配尺寸链的用途。

五、计算题

1. 图 8—1 所示为传动轴组件，在装配前所有零件均已加工完毕。在轴向有箱体轴孔两内侧尺寸 A_1、齿轮尺寸 A_2、垫片尺寸 A_3，当三个零件通过光轴装配在一起后，要求形成一定的轴向间隙 A_0，请建立该部件的装配尺寸链。

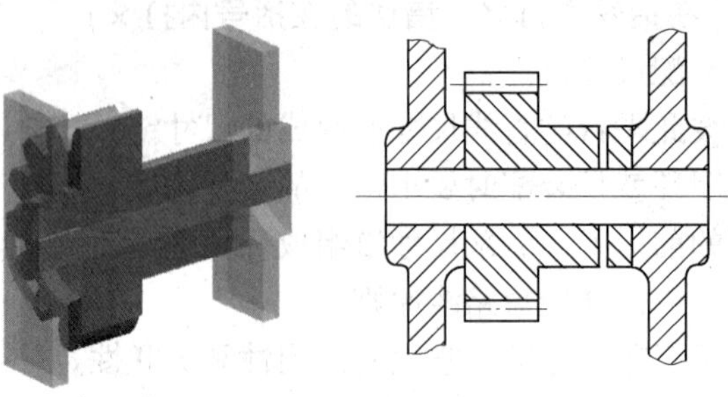

图 8—1　传动轴组件

2. 图 8—2 所示为单键配合，键宽 $A_1=20$ mm，键槽宽 $A_2=20$ mm，$A_0=0^{+0.20}_{+0.10}$ mm（设计要求），采用完全互换装配法，试建立装配尺寸链，并计算 A_1、A_2的偏差。

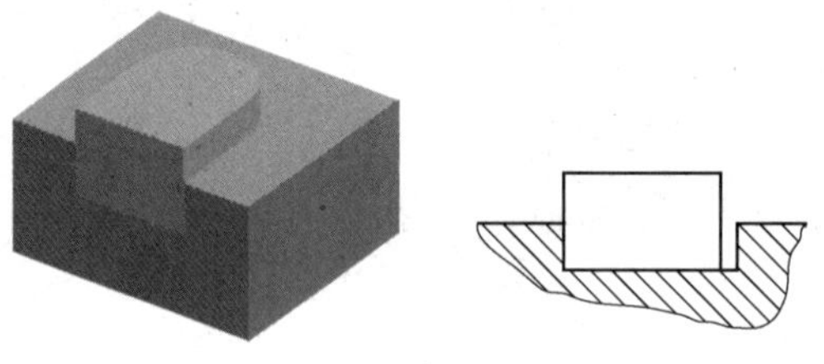

图 8—2　单键配合

第三节 装配方案及其选择

一、填空题（将正确答案填写在横线上）

1. 装配生产中保证产品精度的方法主要有__________、__________、__________和__________四大类。

2. 完全互换装配法是指在装配过程中参与装配的________零件不经任何选择、______和调整，装上后全都能达到________要求的装配方法。

3. 采用完全互换法进行装配，可以使装配过程______，生产率____，易于组织______作业及自动化装配。

4. 分组装配法又称__________，即零件能在本组内互换，是指装配前将互配的零件测量______，装配时按对应组进行装配以保证________的方法。

5. 修配法是指在零件上预留________，在装配过程中用手工锉、刮、研等方法修去________材料，达到________要求。

6. 修配装配法适用于______、__________以及__________要求较高的场合。

7. 调整装配法是指在装配时改变产品中________零件的相对______或选用合适的________来达到装配精度的方法。

8. 采用改变调整件的相对位置来保证装配精度的方法称为__________。

9. 可动调整装配法适用于对刚性要求______、对配合要求______且需要经常________的机构。

10. 修配装配时一般应选择__________、__________的零件作为修配环。

二、选择题（将正确答案的序号填写在括号内）

1. 机械产品的精度要求最终是靠（　　）实现的。
A. 加工　　B. 装配　　C. 调整　　D. 连接

2. 装配精度完全取决于零件加工精度的装配方法，即（　　）。
A. 完全互换装配法　　B. 分组装配法
C. 修配装配法　　D. 调整装配法

3. 完全互换装配法中组成环（除协调环外）公差带位置按（　　）标注。
A. 过盈配合　　B. 间隙配合　　C. 过渡配合　　D. 入体原则

4. 完全互换装配法中各组成环一般按（　　）精度原则选取。
A. 不等　　B. 等　　C. 高　　D. 低

5. 分组装配法适用于大批量生产的高精度少环尺寸链，多用于（　　）配合。
A. 齿轮　　B. 键槽　　C. 孔轴　　D. 螺纹

6. 分组装配法零件的分组数不宜过多，一般以（　　）组为宜。
A. 1 ~ 3　　B. 3 ~ 5　　C. 6 ~ 8　　D. 8 ~ 10

7. 调整装配法中，不属于可动调整件的是（　　）。
A. 楔块　　B. 螺钉　　C. 垫圈　　D. 螺母

8. 调整装配法中，属于固定调整件的是（　　）。

A. 楔块　　B. 螺钉　　C. 垫片　　D. 螺母

三、判断题（正确的在括号内打√，错误的在括号内打×）

1. 完全互换装配法的实质是靠控制零件的加工误差来保证产品的装配精度。（　）

2. 完全互换装配法中一条装配尺寸链中有多个未知数，计算时要选择一个容易加工的尺寸作封闭环。（　）

3. 完全互换法多用于高精度的少环尺寸链或低精度的多环尺寸链。（　）

4. 分组装配法中不能实现互换。（　）

5. 调整装配法中改变产品中合适的调整零件的方法称为可动调整法。（　）

6. 调整装配法中改变产品中可调整零件的相对位置的方法称为可动调整法。（　）

7. 调整装配法的不足之处就是增加了零件数量及较复杂的调整工作量。（　）

8. 修配法能够获得很高的装配精度，而零件的制造精度要求可以降低。（　）

9. 修配环的选择原则是尽量选用公共环。（　）

10. 采用固定调整法时要确定每组调整件的尺寸。（　）

四、简答题

1. 保证机械产品或部件装配精度的方法有哪些？各有什么特点？适用于什么场合？

2. 什么是分组装配法？在采用分组装配法时应该注意哪些问题？

五、计算题

1. 轴与孔的过盈配合如图 8—3 所示，经设计计算得知，轴、孔配合副的基本尺寸为 $\phi30$ mm，要求冷态时装配过盈量为 0.01 ~ 0.06 mm，现采用完全互换装配法装配，试计算各组成环的基本尺寸及偏差。

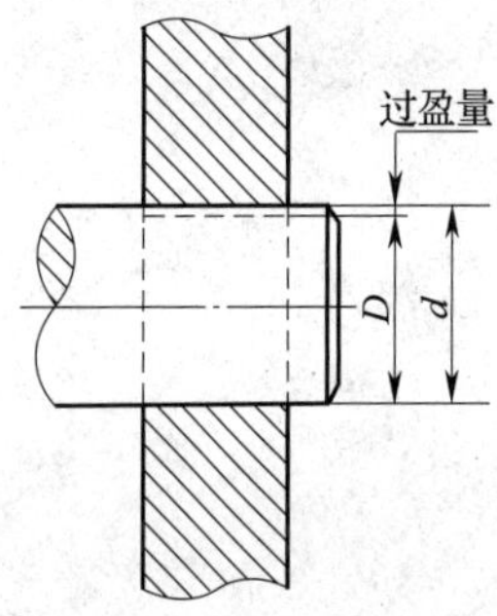

图 8—3　轴与孔的过盈配合

2. 图 8—4 所示为齿轮箱部件装配图，装配后要求轴向窜动量为 0.2 ~ 0.7 mm。已知其他零件的有关基本尺寸 $A_1 = 122$ mm、$A_2 = 28$ mm、$A_3 = 5$ mm、$A_4 = 140$ mm、$A_5 = 5$ mm，试计算各组成零件的基本尺寸及偏差。

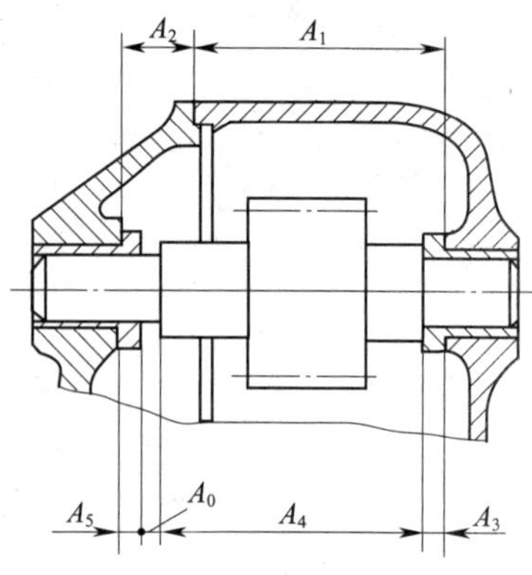

图 8—4　齿轮箱部件装配图

第四节　装配工艺规程的制定

一、填空题（将正确答案填写在横线上）

1．装配工艺规程是用______形式规定下来的装配工艺过程，是指导__________的技术文件，是制定______________、进行__________的主要依据。

2．机械装配的生产类型按装配生产批量可分为________________、__________和______________生产三种。

3．根据产品__________和批量大小的不同，装配的组织形式一般可分为____________和____________两大类。

4．移动式装配是将产品或部件置于________上，通过____________的移动使其顺次经过各__________地点，以完成全部装配工作。

5．在单件生产和中、小批量生产中，特别对那些因__________和__________，装配时不便移动的重型机械，宜采用固定式装配的组织形式。

6．产品装配单元的划分及其装配______可通过装配____________直观地表示出来。

7．绘制装配单元系统图时，先画出一条横线，在横线的左端画出代表________的长方格，在横线的右端画出代表______的长方格。

8．当产品构造较复杂时，装配单元系统图将过于复杂，故常分别绘制__________和________的装配单元系统图。

9．______________的装配工艺方法主要采用____________，但也灵活运用其他保证装配精度的装配工艺方法，如调整法、________和合并法。

10．车床主轴轴承对主轴的____________和刚度影响很大，轴承中的间隙直接影响机床的加工精度，主轴轴承应在无间隙（或少许过盈）的条件下运转。因此，主轴轴承的间隙应定期进行________。

二、选择题（将正确答案的序号填写在括号内）

1．成批生产的设备及工艺装备的特点是（　　）。

A．专业化程度高　　B．通用设备较多

C．有大量专用设备　　D．有手工设备

2．不属于制定装配工艺规程所需的原始资料的是（　　）。

A．总装配图　　B．生产纲领

C．装配工艺规程　　D．验收技术条件

3．研究产品装配图时，如果发现图样有缺点或错误，应及时提出，由（　　）予以修改。

A．制造人员　　B．装配人员　　C．设计人员　　D．工艺人员

4．在确定产品和各级装配单元的装配顺序时，首先要选择装配（　　）。

A．主要件　　B．次要件　　C．基准件　　D．旋转件

5．合理的装配顺序是在（　　）中逐步形成的。

A．理论　　B．传授　　C．自学　　D．实践

6. 在装配单元系统图上加注必要的（　　），形成装配工艺系统图。

A. 工艺说明　　B. 技术要求　　C. 尺寸　　D. 装配顺序

7. 装配顺序确定后，还要将装配工艺过程划分为若干（　　）。

A. 工艺　　B. 工序　　C. 工步　　D. 工位

8. CA6140 型车床主轴有（　　）个支撑。

A. 一　　B. 两　　C. 三　　D. 四

三、判断题（正确的在括号内打√，错误的在括号内打 ×）

1. 大批、大量生产装配工作的特点是产品固定、生产活动长期重复。（　　）
2. 单件、小批量生产装配工艺以修配法及调整法为主，互换件比例较高。（　　）
3. 固定式装配的过程中产品位置不变，所需零部件都汇集在仓库。（　　）
4. 机械产品装配的生产纲领是指产品的生产批量。（　　）
5. 确定产品和各级装配单元的装配顺序时，基准件只能是一个零件。（　　）
6. 装配工艺过程划分中检查和试验工序属于检验工序。（　　）
7. 在单件、小批量生产时，工人按装配图和装配工艺系统图进行装配。（　　）
8. 在大批、大量生产时，对每一工序制定工序卡，由工人制定工序内容。（　　）
9. 车床主轴的旋转精度间接影响工件的加工精度。（　　）
10. 车床主轴轴承应在细微间隙的条件下运转。（　　）

四、简答题

1. 试简述制定装配工艺规程应遵循的原则。

2. 试简述制定装配工艺规程的步骤。

第九章　现代制造工艺技术

第一节　特 种 加 工

一、填空题（将正确答案填写在横线上）

1. 特种加工是指利用______、______、光能、电化学能、化学能、声能及特殊机械能等能量达到________或______材料的加工方法，从而实现材料被去除、变形、改变性能或被镀覆等。

2. 电解加工范围广，可以加工__________、__________、________、________等高硬度及韧性金属材料，并可加工叶片、锻模等各种复杂型面。

3. 电解加工能获得较高的加工精度和表面质量，表面粗糙度值 Ra 可达________，工件的尺寸误差可控制在________范围内。

4. 激光加工设备由______、____________、____________和机械系统等组成。

5. 激光打标是指利用高能量的激光束照射在__________，光能瞬时变成热能，使工件表面迅速产生蒸发，从而在工件表面刻出任意所需要的______和______，以作为永久防伪标志。

6. 电子束加工适应范围广，各种金属和非金属都可以采用此方法进行加工，它既是一种__________方法，又是一种重要的__________方法。

7. 电子束加工弯曲孔和曲面时是通过改变__________实现的。

8. 激光热处理是利用__________的激光束对金属进行表面处理的方法。

9. 用套料的加工方法可以加工等截面的大面积________或用于等截面______的下料。

10. 超声波加工是利用工具作为超声频______，通过工件与工具之间的________而进行加工。

二、判断题（正确的在括号内打√，错误的在括号内打×）

1. 激光加工无切削力和切削热，适用于易变形或薄壁零件的加工。（　　）
2. 电解加工生产效率高，为电火花加工的 5 ~ 10 倍。（　　）
3. 电解倒棱去毛刺可以大大提高工作效率。（　　）
4. 电解加工工具阴极不与工件接触，任何条件下工具阴极不损耗。（　　）
5. 激光焊接既可焊接同种材料，也可焊接异种材料，还可焊接玻璃。（　　）
6. 电铸加工是利用金属在电解液中产生阴极沉积的原理来获得制件的特种加工方法。（　　）
7. 激光打孔的直径可以小到 $\phi0.01$ mm 以下，深径比 L/D 可达 50∶1。（　　）
8. 电子束加工不受材料硬度限制，但需用加工工具。（　　）

三、名词解释

1. 电解加工

2. 激光加工

四、简答题

1. 电解加工的特点有哪些？

2. 如图 9—1 所示，试述电铸加工的原理。

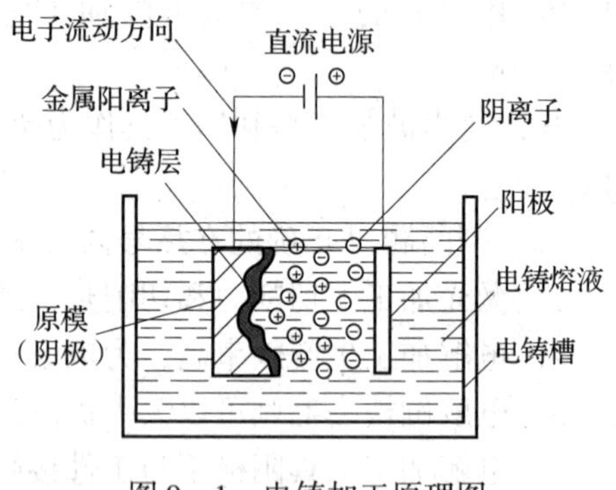

图 9—1　电铸加工原理图

3. 试述激光加工的应用范围。

第二节 超精密加工技术

一、填空题（将正确答案填写在横线上）

1. 超精密加工是一个十分广泛的领域，它包括了所有能使零件的形状、位置和尺寸精度达到______和__________范围的机械加工方法。

2. 超精密加工是从被加工表面去除一层微量的表面层，包括超精密__________、超精密________和超精密__________等。

3. ______________的制备与刃磨、__________的修整等，这是超精密加工的重要关键技术。

4. 超精密切削加工主要是指采用____________对铜、铝等非铁金属及其合金以及__________、__________和碳素纤维等非金属材料的精密切削加工。

5. 在超精密磨削加工中，所使用的砂轮材料多为________和__________磨料。

6. ______________部件是超精密加工机床的______基准，也是保证机床加工精度的核心。

7. 目前，超精密机床主轴广泛采用的是____________轴承和__________轴承。

8. 为了保证精密和超精密加工产品的质量，必须对周围空气环境进行净化处理，减少空气中的______含量，提高空气的洁净度。

二、选择题（将正确答案的序号填写在括号内）

1. 超精密加工所能达到的加工精度为（　　）。

A. >1 μm　　B. 0.1 ~1 μm　　C. <0.1 μm　　D. <1 μm

2. 磨削液的使用应视具体情况合理选择。金刚石砂轮磨削硬质合金时，普遍采用（　　）。

A. 煤油　　B. 乳化液　　C. 苏打水　　D. 水溶性磨削液

3. 超精密加工机床的导轨部件要求有极高的（　　）运动精度，不能有爬行，导轨耦合面不能有磨损。

A. 匀速　　B. 平行　　C. 平稳　　D. 直线

4. 超精密切削刀具用的金刚石材料具有极高的硬度，硬度可达到（　　）。

A. 6 000 ~10 000 HV　　B. 3 200 HV

C. 2 400 HV　　D. 5 000 HV

三、判断题（正确的在括号内打√，错误的在括号内打 ×）

1. 超精密加工必须有相应级别的测量技术和测量装置，具有在线测量和误差补偿功能。（　　）

2. 超精密加工必须在超稳定的工作环境下进行，加工环境极微小的变化都有可能影响加工精度。 (　　)

3. 金刚石磨料比立方氮化硼磨料有较好的热稳定性和较强的化学惰性。 (　　)

4. 砂轮修整通常包括修形和修锐两个过程。 (　　)

5. 立方氮化硼砂轮的磨削速度比金刚石砂轮高得多，可达 80～100 m/s。 (　　)

6. 目前，超精密加工机床床身多采用人造花岗岩材料。 (　　)

四、简答题

1. 简述金刚石刀具的性能。

2. 超精密磨削砂轮的修整包括什么？

第三节　高速加工技术

一、填空题（将正确答案填写在横线上）

1. 高速切削机床主轴通常是在高于__________的条件下高速运转。

2. 高速加工机床主轴的理想结构是采用“电主轴”单元结构，具有______、振动小、______、结构紧凑的特点。

3. 实现高速切削加工不仅要求有很高的主轴转速和功率，同时要求机床工作台有高的__________和__________。

4. 目前，高速切削机床多采用龙门式立柱型对称结构及箱中箱结构，这种结构可提高机床的________和__________，增强机床的抗冲击性，具有自动热变形补偿能力。

5. 高速切削通常采用的刀具有____________刀具、______刀具、__________刀具、____________刀具。

6. 用于高速加工的 CNC 控制系统必须具有高的__________和__________，以满足复杂曲面型面的高速加工要求。

二、选择题（将正确答案的序号填写在括号内）

1. 萨洛蒙切削理论给人们一个重要的启示：如果切削加工速度超越切削“死谷”区，即在（　　）范围内，则可用现有的刀具进行高速切削，从而可大大提高切削效率，缩短切削工时。

A. C 区　　B. D 区　　C. A 区　　D. B 区

2. 不同的材料，其高速切削的速度区域是不相同的。下面常见的几种材料高速切削速度最高的是（　　）。

A. 铜合金　　B. 铝合金　　C. 钢　　D. 铸铁

3. 高速切削速度高，切削力比常规切削降低（　　）。

A. 10% ~60%　　B. 20% ~70%　　C. 30% ~90%　　D. 40% ~100%

三、判断题（正确的在括号内打√，错误的在括号内打×）

1. 不同的材料，其高速切削的速度区域是相同的。（　　）

2. 高速主轴单元的支承有滚动轴承、气浮轴承、液体静压轴承和磁浮轴承几种类型。（　　）

3. 高速切削单位时间内的材料切除率可提高 2 ~3 倍，特别适用于材料切除率要求较大的场合，如汽车、模具和航空航天等制造领域。（　　）

4. 高速切削机床的基础结构件必须具有足够的刚度和强度，以及高的阻尼特性和热稳定性。（　　）

5. 直线电动机直接驱动进给系统，没有机械传动环节，没有机械刚性摩擦，几乎没有反向间隙，提供了更高的进给速度和更好的加减速特性。（　　）

四、简答题

试述高速加工的切削特征。

第四节　增材制造技术

一、填空题（将正确答案填写在横线上）

1. 相对于传统材料去除成形（切削加工）工艺而言，增材制造技术是一种基于“分层制造、逐层叠加”的__________制造原理发展而来的______________。

2. 增材制造无须昂贵的______、______和________等辅助工具，可快速而精确地制造出任意复杂形状的零件。

3. 3D 打印技术已经在牙齿矫正、脚踝矫正、__________快速制造、______替代、脸部修饰和美容等方面得到应用与发展。

4. 分层切片过程是增材制造由__________向二维薄片的______过程。

5. 目前，3D 打印技术已成为提高航天器设计和制造能力的一项__________。

二、判断题（正确的在括号内打√，错误的在括号内打 ×）

1. 增材制造是一种直接从三维 CAD 数字化模型制造出产品实体的技术，减少或省略了毛坯准备、零件加工和装配等中间工序。（　　）

2. 由于 STL 文件易于进行分层切片处理，目前几乎所有增材制造系统均采用 STL 三角化文件格式。（　　）

3. 汽车零件形状复杂，加工制造难度大，3D 打印技术难以应用于其中。（　　）

4. 增材制造解决了许多传统制造工艺难以实现的复杂结构零件成形问题，大大减少了加工工序，缩短了加工周期。（　　）

5. 增材制造技术自 20 世纪 60 年代开始发展。（　　）

三、简答题

简述增材制造技术的工艺过程。

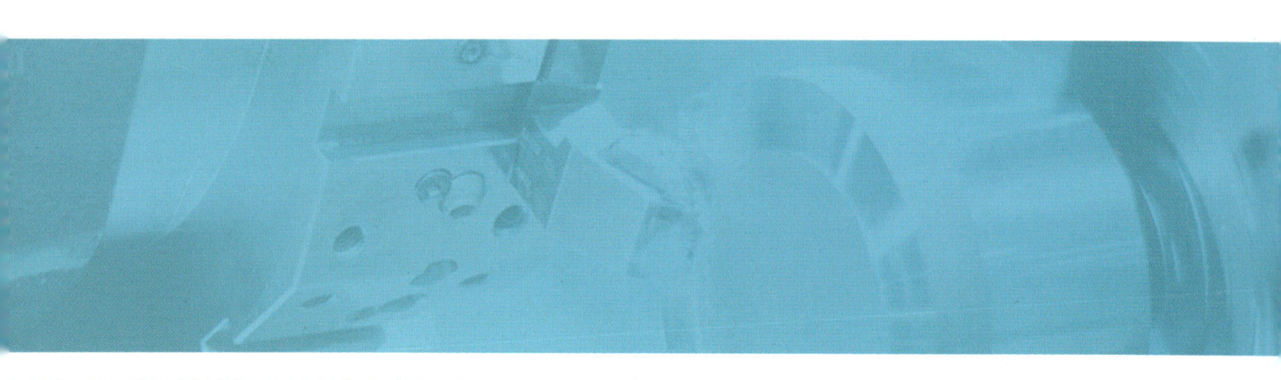

责任编辑／姜华平
责任校对／洪　娟
责任设计／崔俊峰

ISBN 978-7-5167-4148-1

定价：11.50元

■ 高等职业技术院校公路类专业教材 ■

土质与筑路材料习题册

人力资源和社会保障部教材办公室组织编写

GAODENG ZHIYE JISHU YUANXIAO GONGLULEI ZHUANYE JIAOCAI

中国劳动社会保障出版社